U0604775

陆惠萍 著

做**妻子**的智慧

世界上最美丽的事业

——成为最具智慧的女人和妻子

山东画报出版社

图书在版编目（CIP）数据

做妻子的智慧/陆惠萍著. —济南：山东画报出版社，
2013.1（2013.6重印）
ISBN 978-7-5474-0864-3

Ⅰ.①做… Ⅱ.①陆… Ⅲ.①女性－修养－通俗读物
Ⅳ.①B825-49

中国版本图书馆CIP数据核字（2012）第284751号

插图作者	黎　青
策　　划	傅光中
责任编辑	刘　丛
装帧设计	王　钧
主管部门	山东出版集团有限公司
出版发行	山东画报出版社

社　　址　济南市经九路胜利大街39号　邮编 250001
电　　话　总编室（0531）82098470
　　　　　市场部（0531）82098479　82098476(传真)
网　　址　http://www.hbcbs.com.cn
电子信箱　hbcb@sdpress.com.cn

印　　刷	山东临沂新华印刷物流集团
规　　格	170毫米×228毫米
	17.5印张　32幅图　140千字
版　　次	2013年1月第1版
印　　次	2013年6月第2次印刷
印　　数	40001－90000册
定　　价	35.00元

如有印装质量问题，请与出版社总编室联系调换。

做妻子的智慧

等着你的温柔，
来到我的面前，
安抚我所有的沧桑，
女人——
你难道不知道，
我为你而生。

我为你而生，
没有你我不完整，
我走遍天涯，
寻找意中的你，
请来到我的面前，
展现你的仁慈。

躺在你温柔的臂弯里，
女人——
难道你不知道，
我为你而重生。

请用美丽的眼光看我，
找寻我内在的至善，
那才是真实的我，
是我一心想成为的样子，
请用美丽的眼光看我。

请用美丽的眼光看我，
也许需要一些时间，
也许有点困难，
但无论如何，
请用美丽的眼光看我。

请用美丽的眼光看我，
看我发出的光芒，
请再用一点时间，
在我做的每一件事情里面，
看见我的光芒。

可不可以找到方法，
可不可以多点耐心，
在我做的每一件事情里面，
看见我的光芒。

可不可以再多一点耐心，
在我做的每一件事情里面，
看见我的光芒。
因为，我为你而生。
女人，我为你而重生。

目 录

第九章　好夫妻特质　/201

自 序

今天我们用一点时间，共同讨论一个主题——做妻子的智慧。

《周易》64卦，第二卦为坤卦。坤卦有言："阴虽有美，含之以从王事，弗敢成也。地道也，妻道也，臣道也。地道无成，而代有终也。"

我们生为女儿很多年，成为妻子很多年，做了母亲很多年，也许从来没有系统地从古到今，从上到下，从内到外，深刻研究过女人。

有人说，女人是人类的源头。如果源头被污染了，整个水源就不干净了。你同意吗？

有人说，全国每天5000对夫妻离婚，原因在于女人经营家庭的能力变弱了，女人的价值观出了问题。你同意吗？

还有人说，一个国家，如果社会风气不好，那是家庭教育出了问题。而家庭教育的主导者是女人和母亲。你同意吗？

每个岗位有每个岗位的职责。国家主席承担的职责是驾驶国家这条大船，而女人这一生被允许驾驶家庭这条大船。那么，女人的岗位职责是什么呢？如果我们没有完成作为女人的岗位职责，会发生什么呢？

我想告诉大家——

驾驶家庭这条大船的任务，可以说重，也可以说轻；可以说复杂，也可以说简单。

首先，请不要浪费这一趟人生。如果你说下辈子再也不做女人了，代表这辈子你还没有活出做女人的乐趣、优势和成就感。

说到这里，有人也许会问，如果说女人驾驶家庭这条大船，老公是干什么的？老公是来供应家庭这条船的需求的。至于这条船怎么开？开向哪里？用什么速度开？都掌握在女人的手里。

生为女人，在做女人的人生中，你现在在哪个位置上呢？你大半生的角色是妻子，在做妻子的路上，你走到了哪里？你跟另一半的关系如何？

有什么方法？可以让我们不用太辛苦而把女人的使命，完成得更好一些，并在完成使命的过程中，享受和升华自己的生命呢？

所以，今天关于女人的讨论到底有多么重要，怎么说都不过分。当你看到这本书，无论你是谁，都可以通过这本书，想起自己的角色；当你看到这本书，也代表着，在你的生命中有一个使命，你将引领人们，特别是引领你的家庭，走向一个更高的状态。

世界上有很多我们不能做的事，关注这些不能做的事，只能让你的能量降低。把这本书放在床头，时不时地翻几页看看，是我们能做的事。看完这本书，思路理清了，你的能量提高了，注意力的方向就对了。

是什么让一个女人变得伟大？就是女人成为"坤"，即大地的时候；就是女人处在静、接纳和"观自在"的时候。正如你看到孩子睡得香甜时，你所体验到的喜悦；正如你看到树叶掉在脚边时，你所体验到的平静。一个伟大的生命，一定是一个简单而真实的生命，更是一个完全被体验和觉察的生命。每一天每一分每一秒都觉知身边正在发生的一切。觉知，涵之，但不马上回应。

你是如何处理你人生中发生的一切的呢？很多很多的人一直在对抗，在夫妻关系出现一些杂音的时候，女人的情绪变形了，做法变形了，能量急剧下降，这是因为对抗。一方面你创造了一切，另一方面你又一直在对抗。

做妻子的智慧

2

你一手在创造家庭，一手又在破坏它。痛苦在于你跟过去对抗，跟当下对抗。当你对抗时，你就失去了体验它的机会。

　　一份好的亲密关系，可以让我们找到天堂的感觉。如果没有找到这种感觉，就请开始读书吧！在这把你带到天堂般感觉的智慧中，包含如何让你找到平安平静，心灵不被负面情绪打扰；包含如何在日常生活中，学会用一句简单的语言或一个幽默的小故事，把夫妻关系拉到和平的位置……

　　生命中最振聋发聩的一句话是——你创造了你的"宇宙"，别人只是你的助手，换句话说就是"你的人生是你自己选择的！"

　　我们一辈子处在关系之中，但我们从未学习如何经营生命中本应该最美好的亲密关系。人与所有事物的关系，其实就是创造亲密，创造"合"。人与人亲密，人与人合，人就产生幸福感；人与地方亲密，与地方合，人就生活得自由自在；人与孩子亲密，与孩子合，培养孩子就不累；人与万事万物亲密，与万事万物合，那么你就可以天下一家，游刃有余。

判断一段婚姻成功与否，其标准应当是两个人在其中是否都获得了成长，而不是两个人在一间屋子里关了多少年。

所有的人都爱充满爱心的人，只有彼此接纳对方的不完美，才会创造完美的夫妻关系。生命是用来享受的，不是用来互相折磨的。一份充满爱的、持续的、相互滋养的夫妻关系，是人生中最大的享受。获得如此真实的、实实在在的享受，是你可以做到的。

人生就是一场美丽的陪伴。

女人以爱来分等级。不懂得爱自己、爱家庭、爱城市社区、爱国家民族、爱生灵万物，纵使你很有钱、很有社会地位，等级也很低。

开始吧，开始读这本书吧！我会陪在你身边，和你一起完完整整地把《做妻子的智慧》这本书读进你的生命里。

不久以后，你将成为周围的一盏明灯，因为你充满了力量，你的光芒可以照亮别人。

第一章

女人的故事

　　女人的责任，相夫教子做事。男人成功是因为家里有一个"压寨夫人"。女人定，男人飘。男人就像精子，到处乱撞，撞到女人这里，女人慈爱地对他说："就待在我这里吧！"于是，男人就定在这里了。

　　对女人来说，中心是回归女人的本质。比如女人经营家，就是把家变成天堂宫殿，男人和孩子在这里获得安全和放松，在家里补充精力——吃一顿饭很享受，互相递一个眼神很享受，手拉手散步很享受。这样一来，男人干事业便能够全力以赴。

　　女人在任何情况下都要压得住寨、镇得住脚。怕就怕女人为一点点事就跳起来，跳的表现是怀疑和抱怨。跳，是因为女人太自我中心。女人常常不知道，信任有着不可思议的力量。

　　开悟的女人就是带着慈悲和爱，让老公像孩子一样在你这里快乐生长。

女人让世界变得温馨和美丽

女人来到这个世界上，也许不是世界的主宰，她是让这个世界变得更加美好的。

在这个世界上，有一本一直位居全球销售量第一的书，其中讲述了关于女人的一段话：上帝创造了世界，他看了一下说"很好"；接着他创造了男人，他看了一下说"非常好。但是，我可以做得更好！"于是他创造了女人。

女人来到这个世界上，也许不是世界的主宰，她是让这个世界变得更加美好的。

女人扮演这样一个角色：家庭里，因为有你这个女人在，非常温馨；单位里，因为有你这个女人在，非常轻松快乐；这个集体，因为有你这个女人在，非常有趣；哪怕是今天临时组成的一个饭局，因为有你这个女人在，非常美妙，值得回忆……

女人的出现，让世界变得温馨和美丽。你做到了吗？0 分至 10 分，你能得多少分呢？

世界历史中的女人

因为，这些绅士们深深地知道，
如果把这个女人娶回家，自己家族的
家风、家道、家学就得以传承下去了。

真的吗？女人就仅仅是让世界变得温馨和美丽这样一个角色吗？

且慢，纵观中国历史和世界历史，我们惊奇地发现，女人远远不止这样一个角色。翻一翻世界历史，你会发现世界上很多战争，都因为女人而起。比如，特洛伊战争。

特洛伊战争中，有一次战士们已经站到了战船上准备出征，但是，战士们的心里都有点疑惑：这一次我们为什么而战？我们为谁去抛头颅洒热血呢？正当他们疑惑的时候，指挥作战的将领请出了一个女人——海伦。只见海伦款款走出来，往这边一站，这个女人美极了，母仪天下的样子，站在那里点头微笑，环视众人。

于是，战船上的男人们，一个个斗志昂扬，齐声高呼："走，我们立刻出发，我们战斗去！这一次，我们要为保卫她而战！"

另外，你有没有发现，奥运会中的一些项目，是因为女人而起，比如花剑比赛。18世纪的英国上流社会，一些绅士经常因为女人而决斗，最后，演变为奥运会的正式比赛项目。

我们很想知道，有头有脸的上层社会的绅士们，不顾社会影响，要为一个女人去决斗的原因是什么？这个女人到底具备什么样的品质，使得男人们要为她不顾一切，并愿意付出生命呢？

现在的男人找对象是以什么为方向去找的呢？是漂亮一点，还是有内涵一点？是有钱一点，还是有才华一点？是学历高的，还是能相夫教子的？

男人要去决斗的原因只有一个：这些绅士们深深地知道，如果把这个女人娶回家，自己家族的家风、家道、家学就得以传承下去。所以，为了使自己的家族变得更加和谐和壮大，绅士们宁愿冒死一搏，也要把这个女人娶回家。

中国历史中的女人

> 如果一个女人找错了老公，她这辈子就毁了；如果一个男人找错了太太，那他后面的三代就都毁了，因为接下来的子孙后代都是这个女人生的、养的、教的。

你也许这样跟我说：我嫁的那个家庭，根本没有什么家风、家道、家学。

其实，家风家道家学没有不要紧。没有，我们嫁过去就建立，让这个家庭因为有你，而变得和谐和兴旺。但是，我们悲哀地发现，有的女人嫁到别人家，不仅没有建立起和谐和兴旺，而是"成功地"让这个家庭从此鸡犬不宁。更可悲的是，她们对自己的这个反作用，浑然不知。

社会学家曾经得出这样一个结论：如果一个女人找错了老公，她这辈子就毁了；如果一个男人找错了太太，那他后面的三代就都毁了，因为接下来的子孙后代都是这个女人生的、养的、教的。

翻翻中国历史，有关女人的故事则更加精彩有趣，女人的历史地位及其对于历史的作用，更加清晰可见。

一首名字叫《佳人歌》的古诗，是这样写的：

北方有佳人，

遗世而独立。

一顾倾人城，

再顾倾人国。

宁不知倾城与倾国，

佳人难再得！

这段古诗的意思是说，有一位佳人站在那里，亭亭玉立，仪态万方。她一回头，一个城倒了；再一回头，一个国家倒了。但一个城和一个国家倒了算什么，佳人最难得，有什么比佳人更珍贵的呢？

中国历史上，有很多的文学经典流传下来。这些文学经典写谁呢？写什么故事呢？很多是写男性名人与妓女的故事！比如，民国历史上蔡锷跟小凤仙的故事，明末清初的《桃花扇》叙述的李香君与复社领袖侯方域的故事，以及南京秦淮河上上演的其他缠绵悱恻的故事。这些故事得以流传，人尽皆知，到底为什么呢？

蔡锷是一位地位显赫的将军，却要为一个风尘女子小凤仙放弃自己的名声。请问，那位小凤仙究竟具有什么样的魅力，让蔡将军念念不忘呢？

现在就请你拿出一张纸，写出这些故事中的女主角可能具有的特质。

5

日本如何培养女人

常常让我们很纳闷的是，有的女孩子穿得实在不够得体，不够端庄，没有美感。并不是她们存心让人们恶心，而是审美观出了问题。

在这个世界上，女人显示其特别作用的国家是德国和日本。

先看一看德国女人。德国人做事严谨和讲究规则，干劲大、耐力好，堪称世界一流。第二次世界大战的时候，大多数男人去了前线，一去不回，女人把整个国家撑了起来。

世界一线品牌的汽车，大部分出自德国，不可否认，是德国的女人培育出了一丝不苟、严谨高效的一流汽车产业工人。

在浦东机场曾经看到一个德国家庭，爸爸身上一个包，背在后背，跟头顶平，跟膝盖齐；妈妈身上一个包，背在后背，跟头顶平，跟臀部齐；八九岁的孩子背后也一个包，跟肩膀平，跟臀部齐。出门旅行，各自的东西各自带。他们丢了一个东西，很小，并不马上找，先在地上画一个格子，然后一个格子一个格子地找；找过的格子，不再找第二遍。德国人的做事严谨和讲求效率，由此可见一斑。

再来讲一讲我们的隔海邻居，一个国土面积很小的国家——日本。二战结束的时候，日本无条件投降，成为战败国。但是我们发现，经过了短短几十年的时间，日本一跃而成为世界经济强国，上个世纪七八十年代，美国的大街上，四辆车子当中就有一辆是日本车。日本国力最强大的时候，可以买下 13 个美国，即日本拥有的财富，可以把美国买下 13 次。究其强大的原因，跟这个国家的女人有很大的关系。

日本和德国一样，二战后女人承担起家庭以及国家的很多责任。女人决定着一个家庭和家族的兴亡，家庭和家族合起来就是国家。

日本对女人的培养，让我们叹为观止。他们对女人的培养，从 12 岁就开始了。12 岁的女孩子们在学校里，必须接受全套的女性课程。为什么是 12 岁呢？因为女孩子长到 12 岁，到了发育期。这时开始，她们脸上可能会生痘痘或雀斑，所以学校就教她们如何护肤和化妆，而更重要的是教导她们如何端庄地出现在人们面前。

走在中国城市的大街上，我们常常发现有的女孩子穿得实在不够得体，不够端庄，没有美感。这并不是她们存心让人们生厌，而是审美观出了问题。

有一个星期天，我和一个好朋友要去一个公司总裁的家里拜访。我的好朋友穿的从上到下全是黑色，把我吓一跳，我问她："你穿成这样，是去拜访还是去参加葬礼啊？"她回答说："有这么严重吗？"最后，我们去买了一条鲜艳的围巾让她围上。这其实不是这个女孩子的问题，因为从小到大没有一个人告诉过她，什么场合该怎么穿。

在我们的生活中，经常遇到的不如意、失败、不被人认可、做事困难重重等，一切都有原因，而令人悲哀的是我们不知道原因，我们不知道我们不知道。

如何端庄地出现在人们的面前？重不重要呢？很重要。

当日本的女孩子二十岁左右的时候，她又去社区里面学习一套更加全面的女性课程。这套课程学习什么呢？学如何做饭、插花，如何营造家庭氛围，如何了解男人心理，如何创造孩子，如何建立家庭这个"场"……更重要的是，学习了解男人是什么样的人，学习如何懂得男人的心理。

20 岁了，女孩将要跟异性进行互动了，所以要了解男性的性格、脾气、习性，男人跟女人有什么区别。

上海女人

做妻子的智慧

我曾经跟一位美国教育家合作。这位美国教育家刚到上海的时候，想了解一下上海这个国际化大都市的人文状况。因为从事的是教育培训这个行业，所以先要了解中国人是啥样子？上海人是啥样子？

于是，她就在一个周末的傍晚，去南京东路步行街观察。她看到步行街上，楼房、广告、橱窗，所有硬件都跟巴黎、伦敦、纽约、东京相差无几；人们穿的衣服、用的手机，也相差无几。

她走在步行街上，观察人，观察人的表情，观察人的关系，观察人们互动的方式。

她看见，迎面走过来一对情侣，他们互相挎着，看上去亲密得不得了。突然间，不知道因为发生什么，这个女孩子不高兴了，她把手上的东西，看上去像书、杂志一类，往地上一扔，转身就走，头也不回。

男孩子一脸的无辜和茫然，捡起东西就追，追上就百般求饶，可那位女孩还是不理，头也不回地走了。

美国教育家看到这一幕，写了篇文章发表在报纸上，文章名字叫《上海女人》。她对上海表达的看法是：上海绝对属于世界一流的国际大都市，但仅仅限于硬件设施，比如黄浦江两岸的绝世风景，上海人用的手机已经

直接进入第四代，用的电脑也是世界上最先进的。 但是，上海人的思想意识，平等的观念，跟一流的国际大都市还是有差距的。

她的理论是：那天傍晚，上海女孩子面对那个男孩的态度，是值得商榷的。不管你面对的这个人是谁，不论是你的男朋友，还是你的同事；是你的下级，还是你的孩子，哪怕是一个陌生人，他首先是一个人。因为你面对的是一个人，所以你必须给他以人的最起码的尊重。

面对自己的男朋友，面对一个人，你怎么可以如此无理和蛮横呢？

她的这番评论，说得很重。一般而言，我们想发火的时候，还管对方是谁？想怎么说就怎样说，想怎样吵就怎样吵。吵架的时候，只嫌自己的语文没学好，说得不够狠；越狠的词语，说出来越觉得爽，而且解恨。一句句狠话，如子弹出膛。

五个国家的新娘

要说女人的权益和地位，在中国是最被彰显的。就怕在最大限度地争取权益和地位的时候，女人不小心把老公弄丢了。试问，我们在结婚的时候，有过荣耀家庭的想法吗？有过荣耀老公的想法吗？

在女人的故事里，有一个鲜活的老故事，让我来讲给大家听。

新娘在结婚的当天晚上，会跟老公说一句话。说什么话呢？国家不同，说的话也不同。

先讲美国。结婚当天晚上，美国新娘子会跟老公说什么呢？

她说："亲爱的，明天我们去把财产公证一下，省得我们离婚的时候麻烦。"

我们会很奇怪，结婚当天怎么会说这种话，在我们中国，是两个人有离婚意向的时候才说这种话的。美国人之间法律关系非常清晰，哪怕你们是最亲密的人，先把这些法律关系处理好，再开始享受亲密关系。他们求婚的当天晚上，吃饭是 AA 制的，亲亲热热地一起吃饭，吃完了各结各的账，大家没有负担。只是我们的国情，大家还没有习惯，也许永远也不会习惯。

第二个国家是法国。法国新娘或者说法国女人的特点是什么？非常浪漫。她们在结婚的当天晚上，穿着性感透视的睡衣，从浴室里飘出来，扭着腰肢问老公一句话："老公，我是世界上最美的女人吗？"

她要求自己要非常完美地呈现，也希望别人承认她是美的、优雅的、漂亮的。

第三个出场的是英国女人。英国女人的特点是什么呢？她在结婚的当天晚上，跟老公说的一句话是什么呢？

英国新娘在结婚的当天晚上，跟老公说了一句很有分量的话："亲爱的，你希望我们的孩子去上牛津大学，还是去上剑桥大学呢？"这个国家的女人，非常关注教育，非常关注下一代的成长。

一个女人嫁到别人家，就要让别人家兴旺，让孩子有出息。女人嫁进来，是来荣耀这个家族的。一个家庭的家风、家道、家学要靠这个女人传承下去，不能把它弄丢了。不能因为自己，造成任何家门不幸。

很多英国绅士的西装袖上有家族标志，这是他们的自豪，这种自豪要靠嫁进来的女人，一代一代传下去。

第四个国家是日本。日本的新娘在结婚当天的晚上，会跟老公说一句什么呢？好像我们能猜到，因为我们知道日本新娘的特点是温柔贤惠。像山口百惠，一个家喻户晓的国际影星，结婚后说不出来就不出来了，相夫教子，无怨无悔，拿得起放得下。有人说，要娶就娶日本女人，要嫁就嫁上海男人。在日本，家庭的责任，女人一肩挑。

那么，在结婚的当天晚上，日本新娘到底会怎么说呢？她首先把老公服侍停当，然后对老公说："亲爱的，照顾不周，请多原谅！"说完一个90度鞠躬。做个好太太，就是她人生最重要的角色。

接下来第五个国家，就是我们中国。我们曾在结婚的当天晚上，跟老公说什么了？每个人先放下手中的书，回忆一下；还没结婚的，设想一下。

要说女人的权益和地位，在中国是最被彰显的。就怕在最大限度地争取权益和地位的时候，女人不小心把自己的老公给弄丢了。我们在结婚的时候，有过荣耀家庭的想法吗？有过荣耀老公的想法吗？

我问过很多女人，一部分是我的学员，我问她们："结婚那天，你跟老公都说了什么？"不少人跟我说，记得那天我一走进新房，就跟老公说："快把收到的红包数一数，看看到底有多少！"

还有一个人振振有词地跟我说："那天我看到，我婆婆收了两个红包，晚上我跟老公说，明天记得问你妈要红包。她别搞错了，不是她结婚，是我结婚，红包是送给我的。"

中国新娘结婚的当天晚上，往往指着老公的鼻子说："我跟你讲，从今天开始，我生是你的人，死是你的鬼！"

好多女性听到这里跟我说："陆老师，哪有啊？我没有这样说，这是封建社会的女人才说的！"

你也许嘴上没说这句话，但你的心里实际是这样想的——我跟你结婚了，你要为我负责任，负一辈子责任！嘴上没说，但心里是这样想，没这样想的很例外。

最可怕的是，从那一刻开始，不是说我生是你的人，死是你的鬼吗！要负责一辈子吗！我不成长，你也要为我负责；我不改变，你也要为我负责；我就是像鬼一样，你也要为我负责！

男人外遇率高的原因一部分其实就在这里：他们要负的职责太多了，把他们压垮了，想撑来着，撑不住了。

记得不光刷牙，还得刷心

把心里和大脑里的陈芝麻烂谷子，定期清理一下，腾出点地儿放新的知识、新的智慧，保证每天里里外外，以清新的状态接受红尘的挑战。

有一个婚姻调查的结论，引起我的注意。如果一个家庭非常地整洁、一尘不染的话，这个家庭的幸福指数一定比较低。理由是，这个家里一定有一个非常挑剔的人。

你只要放歪一点，他就心里不舒服了。有孩子的家庭，玩具轻易不拿出来玩，总是整整齐齐地放在那里。待在这个家庭里面很受罪，别说幸福指数了。

干净、整洁，当然很好，但时间的分配上一定要合理。为了一个洁净，把学习和成长的时间给占了，就有点头重脚轻了。

在我原来的单位里，有几幢职工宿舍，几个常常在一起的女人，围在一起就这家长那家短的。我们曾经给一个人起过绰号，叫她"阳台女"，因为我们总看见她待在阳台上，似乎永远在洗衣服、洗拖把。我们约她一起逛街，她说："没时间，我要洗衣服。"我们约她一起看电影，她说："没时间，我要洗衣服。"她总在洗衣服，对她来说，生命中只有洗衣服这件事最重要。她好像跟外界隔绝了。

把心里和大脑里的陈芝麻烂谷子，定期清理一下，腾出点地儿放新的知识、新的智慧，保证每天里里外外，以清新的状态接受红尘的挑战。

心里的污垢太多，对外在事物就会麻木。学习和成长就是刷心，一天刷两遍牙，那一周要不要读一本书呢？一个月要不要听一堂培训呢？刷牙和刷心一样重要。每天怀着一颗干净崭新的心，亲和温暖的心，帮助老公成就事业，帮助孩子茁壮成长。

我们如何创造孩子

你们决定要让父精和母卵相遇的时候，夫妻俩当下所听到的、看到的、触摸到的、闻到的、感觉到的，都要非常美好。让双方在五感都美好的状态下创造孩子，这样的孩子基因好、种子饱满、生命力旺盛。

很多的女人直到怀孕了，才开始重视自己，别人也才开始重视她。所谓重视，也就是发现自己怀孕了，开始重视自己的状态，重视的还只是身体状态，而不是情绪状态。比如，身体含钙多少啊？胎位正不正啊？该多长时间检查一次？每天必须吃什么，怎么吃？

结果全家人除了拼命让孕妇吃，什么也不让孕妇干。这是个误区，因为中国有句老话，叫"做不死的大肚子"，怀孕四个月以上，多走动，干点活，好处多多。

作为孕妇，最要重视的是自己的精神状态——好的精气神比什么都重要。其实，科学研究的结论是，女人到怀孕才开始重视自己的精神状态，已经晚了。

日本就在女孩子 20 岁的时候，教给她们关于女性的课程，这比怀孕后做围产期检查重要得多。特别是如何创造孩子这一项，已经被列为这一阶段学习的重点。

我们会问，创造孩子也要学吗？当然要学！生命中没有比这更重要的了。

因为人身上所带的基因，到底哪些遗传到下一代身上去了？是好的基因传到下一代身上去了，还是坏的传下去了？这件事，你说够不够重要？

每个人的身上都带着六套基因——爸爸的，妈妈的，爷爷的，奶奶的，外公的，外婆的。

每个女孩在谈恋爱的时候，大概都有过这样的幻想：我对男朋友很满意。但是，我以后跟他要有孩子的话，希望孩子的眼睛最好像他，皮肤最好像我，脾气最好像他妈，个子最好像我爸……

请问，这些可不可以做到？答案是肯定的。如果你学了，就完全可以做到。日本人就在学这个——怎么把好的基因传承下去。

每一个人身上所带的六套基因中的六分之一，已经被你显化了。比如说，你的个子像谁，眼睛像谁，性格像谁……但是还有六分之五，没有显化，隐藏在你的身上。它们什么时候显化呢？就在你创造孩子的那时候选择性地显化。这门课为什么重要呢？因为你在创造孩子的那一刻，决定孩子的哪些基因将被你显化出来。

人类基因的优化程度，在创造孩子的那一刻，所占比例最大。

当两个人因为爱而结婚，在这一段时间里准备迎接孩子的话，每一次在做男人和女人之间那个游戏——"做爱"的时候，女人要做好准备。一切准备必须由女人来做。女人要关注的是，家里准备要两性互动的时候，即你们决定要让父精和母卵相遇的时候，夫妻俩当下所听到的、看到的、触摸到的、闻到的、感觉到的，都要非常美好。让双方在五感都美好的状态下创造孩子，这样生下的孩子基因好、种子饱满、生命力旺盛。即要让房间里面，闻到的是香的味道，看到的是鲜花，听到的是美妙动听的音乐，感觉到和触摸到的，比如床上用品手感要很好，与皮肤的接触要很舒服。

整个过程要非常喜悦和放松，在五感都是轻松愉悦的状态下创造孩子。这样的话，好的基因表达度高。这是科学。

有报道说，目前日本人的寿命比我们长五年，他们的平均身高比我们高五公分。据说这是因为他们喝牛奶比我们多。真的是因为多喝了一杯牛奶那么简单吗？当然不是。

由此我们明白，在你创造孩子的那个阶段，通常和习惯的做法是，不喝酒、不抽烟、按时休息、心情轻松愉快。这还不是根本，根本是，在那一刻，你的五感全部要美好。所以，我们在创造孩子之前，准备好你的情绪，准备好你的感觉，准备好你房间的氛围。

在我们的周围，你打量一下就会发现，同父同母的兄弟两个，一个长得伟岸，一个长得猥琐，这在很大程度上是在那一刻，爸爸妈妈的状态不同造成的。

其他20岁的女性课程，你都要学。学会了做不做是你的自由，但你必须懂，必须会。

我们国家准备要孩子的家庭，80%的女性是在自己没准备、不知情的情况下怀孕的。确认自己怀孕后，准妈妈就开始担心：

"啊呀，我不知道我怀孕了，前几天我还吃药来着。"

"啊，怀孕了？不好了，之前我喝过好几次酒。"

"怎么办？好不容易怀上孕，我要不要这个孩子呢？因为我怕有问题。我前几天心情很不好，天天发怒来着。"

母亲带着忐忑不安的心情经历孕期，这种状态，对孩子是好还是不好呢？你的答案肯定很明确。母亲情绪不稳定，是孩子们先天性疾病的主要原因。

一个统计数据说，2008 年前，我国的先天自闭症患者是两万分之一，而到了 2009 年，这个数据一跃而成为八十四分之一，也就是 84 个新生儿中有一个是先天自闭症患者。人类因为负面情绪创造的"次品"，近两年大幅度增加。

女人在孕前和孕期保持心情愉快，是最大的优生优育工程。我们过去对人的先天性因素太忽视了。

有的家长说，不管先天怎样，我都有能力把孩子教好。你这样说我当然同意，也相信你有这样的能力，但是如果孩子的先天好，加上你后天的努力教，结果不是会更好吗？

我更想告诉大家，大多数人太小看先天了，先天是人类最大的习惯。有的人努力一辈子改不了某个习惯。后天改良可以，而改良需要极大的耐心，有时收效甚微。

正如很多女性，总是哭着说：

"他怎么就改不了？"

"他就不能为我改变一下吗？"

"几十年了，为什么他一直犯同样的错误，不肯改变？"

由此我们确认，先天的力量比你想象的要大得多，如果可以做好一些步骤，我们为什么不做好它呢？

世界上最阳光的事业

生为男人，如果一辈子没有碰上真正的女人，平心而论，这是男人的悲哀。同样的，作为女人，一辈子没有碰上真正的男人，也是女人的悲哀。

在女人的故事当中，有一个章节很隐晦，讲起来是要小心翼翼的。看的过程中，你可以撇撇嘴加一声"哼！"但是，"哼"完了别忘记思考。

社会开放到当下的状态，我才觉得有机会客观地看待一些现象，所以我现在鼓起勇气，说出以下在多年前曾经让我很惊讶的事。

很多年以前，美国有一个人出了一本很厚的书，那本书的名字叫《世界上最阳光的事业》。这本书出版以后，世界哗然。很多国家不允许把这本书翻译引进到自己国家，因为这本书的内容太反传统了。

那么，这本书是谁写的呢？

它是美国一位很著名的妓女写的。她把自己几十年来的所作所为，称之为"最阳光"的"事业"。这是不是非常反传统呢？

当我们带着公正、探索和研究的心态，而不是抗拒的心态去读这本书的时候，我们真的可以收获一些东西。

比如，这本书里面有个情节，让我非常惊讶。

她说，这么多年当中，她接待过全世界慕名而来的不同年龄、不同肤色、不同阶层、不同人种的男人。他们有多少呢？两万多名。

关键是，当他们做完上帝赋予的男人与女人之间的那场游戏的时候，几乎所有的男人，两万多个，操着不同的语言，先长叹一口气，然后情不

18

自禁地说了一句几乎相同的话："我终于找到女人了，我终于找到感觉了！"

这个结论很吓人。看到这里，以自己 10 年做夫妻关系心理咨询个案的经验而言，我明白这个结论的潜台词是：在这个世界上，至少 70% 的女人，是不知道如何做女人做妻子的。

显然，如果一个男人活一辈子都不知道真正的女人是什么样子，这对男人是不公平的。

这也是这本书的作者所要阐述的要义所在。她认为，世界上真正的女人太少了，她能让那么多的男人感受一次真正的女人，所以她理直气壮地说：我所做的是世界上"最阳光的真正的事业"。

我知道你对此有反感，跟我第一次读到那本书一样。我只希望我们生为女人，哪怕只用十分钟的时间想一想：生为男人，如果一辈子没有碰上真正的女人，平心而论，这是男人的悲哀。同样的，作为女人，一辈子没有碰上真正的男人，也是女人的悲哀。

那么，女人应该是怎样的？

上帝创造的女人，应该是美的、温柔的、善良的、接受的、善解人意的、相夫教子的……至少，男人和女人应该各在其位。我们常常痛斥老公不在其位，没有履行男人的责任，而我们忘记了，我们也许同样没有履行作为女人的责任，同样不在其位。

就上面这一条，就足够我们深省的了。我们一定要找到一条真正让女人幸福的途径。同情和怜惜女人，或者因此而痛恨男人，都不是根本的途径。

女人的幸福来自"尊严"

尊严的表达，与穿着、谈吐有极大的关系。尊严是无形的，通常用穿着和谈吐来呈现。我想说的是，因为妈妈不懂得如何打扮未成年的女儿而导致的一些问题，本来是可以避免的。

如果从整个人生来核定，一个女人的"不幸"是因为两个字，"幸"也是因为两个字，这两个字就是"尊严"。

公交车上，常听女人尖叫："哎呀，这个人非礼我。"

关于这件事，上海地铁事件一直在网络上鼓噪。我要说的是："你都穿成那样了……为什么这么热衷于用暴露的穿着，考验婚姻外男人的定力？这样的考验是很残酷的！"

女人如何端庄地出现在人们面前，是一门功课。

我曾经在我《好父母决定孩子一生·精华版》的演讲光盘中，讲述了一段往事：

我曾有机会访问监狱里的男孩子，因为看见女孩子穿着暴露压抑不住而实施强奸。当女孩子受惊吓大叫时，男孩子本能地去掐她的脖子。因为紧张和害怕，用力过猛，一下子把人给掐死了。为此，他们进入监狱，一辈子后悔不已。

尊严的表达，与穿着、谈吐有极大的关系。**尊严是无形的，通常用穿着和谈吐来呈现**。我想说的是，因为妈妈不懂得如何打扮未成年的女儿而导致的一些问题，本来都是可以避免的。

要从小教导女孩子，她必须活得有尊严。尊严将成为她一生一世的宝贵财富。不要放下尊严去追求名利，哪怕一时一事也不可以，因为幸福要用一生来衡量。

什么是女性特质?

作为女人，如果连优雅美丽这个特点你都没有，也许哪一天，就会有一个人，来替补这个你所不具备的女性特质。老公出轨了，他就是奔着那个女人的女性特质去的，他很兴奋，因为他过去从来没有"闻到"过那个迷人的特质。

总有人问："我生了个男孩，要怎么培养?"也有人问："我生了个女孩，要怎么培养？"

答案其实很简单。如何培养男孩？你想一想当初自己以什么条件找男朋友就行了。当时我们是不是要求自己的男朋友，要长得帅、有社会责任感、爱护女性、有担当、风趣幽默、会挣钱等等。如果是，照着这个"菜单"培养儿子就行。

如何培养女孩子？你可以问一问自己的老公，当初以什么条件找女朋友。当时他是不是要求自己的女朋友，要懂事、温柔、善解人意、心胸宽广、会做饭理家等等。如果是，照着这个"菜单"培养女儿就行。

可是，很多人现在只想享受对方的关爱，不去想自己值不值得别人为自己付出。

也许常常问自己以下两句话，你的心情会变得好一些：

"我值得别人为我付出吗？"

"我有没有被别人利用的价值？"

我们在电视节目上曾听到过一句话：我情愿在宝马车里哭，不愿在自行车后面笑。

其实，如果嫁入豪门而没有为豪门做点什么，要幸福很难。也许豪门里亲情薄弱，你嫁进来就多做些凝聚亲情的事，这样，你在宝马车里也可以灿烂地笑。如果没有经营家庭的愿望和能力，坐在自行车后也不见得能笑，哭得更凶也说不定，因为有句老话说"贫贱夫妻百事哀"呢！

女人应该检视一下，自己的角色做得怎样？

"我不化妆，我不美，我就是不会像个女人的样子，我就是不温柔，我就不会体贴，我就不会好声好气说话，常有人说我怎么穿着'文化大革命'的衣服就出门了……"

作为女人，如果连优雅美丽这个特点你都没有，也许哪一天，就会有一个人，来替补你所不具备的女性特质。老公出轨了，他就是奔着那个人的女性特质去的，他很兴奋，因为他过去从来没有"闻到"过那个特质。

做妻子的智慧

有的女人跟我说：

"我省吃俭用一点不好吗，我不是为了这个家吗？"

"我不舍得花钱请钟点工，自己干，在家总是穿着旧衣服，没时间打扮，我有错吗？"

我的回答是：你不能省吃俭用到让男人看到你有恶心的感觉！请不要把自己整天弄得灰头土脸，像一个垃圾桶似的。

女人美丽，是对世界的贡献。我们今天主要谈女人，大家不要不满意，觉得我对女人不公。如果是谈做男人的智慧，那我们也会实事求是地说男人。

女人的故事，女人的特点，女人的角色，女人的本质，你具备一些吗？你也许可以说，我为什么要具备，我凭什么为男人服务？但如果你找一个男人做你的老公，他一点没有男人样，一点没有担当，一点不负责任，你是不是也对他非常地不满呢？同样的，一个男人找我们做太太，太太一点没有女人样，他会如何？

如果一个男人对自己的女人只剩下无奈的责任，而不是发自内心爱恋和关怀，这样的关系又能维持多久呢？

当我们回归到女人本质，一切就变得很简单了。

女人的"封建"和"现代"怎么分？

我家里有三个保姆，我每天晚上七点多钟回家，极少应酬，每天都是保姆给我盛饭，但我特别希望我的太太给我盛饭，一周哪怕只有一次。希望这碗饭是太太盛的，我的要求过分吗？

也许你会说："哦，陆老师，难道你要我们回到封建时代家庭妇女的位置，整天就是油盐酱醋茶吗？"

我们一直在思考，到底怎么做，才能让你幸福。你目前的思想，能不能给你带来长久的幸福，没有的话，那就重新输入一套思想，为自己的大脑换一个软件。

放眼望去，在中华大地上，每天有五千对夫妇离婚，有一万个离婚的直接当事人，失望甚至绝望地走出婚姻。加上孩子，就是一万多；若再加上双方的父母，每天伤心难过的就是三万多人。这一定不是我们想要的结果。今天你走出婚姻，也许不久会走进另一段婚姻。婚姻幸福是有密码的，掌握了密码才掌握幸福，而这个密码就隐藏在人们日常生活的细节里。

我有两个学员，他们是夫妻，男人是上市公司的老总。

太太哭哭啼啼地跟我说："我怀疑我老公跟我家的菲佣有染。我很伤心绝望。"

"说说看，在这之前，你与老公之间发生什么了？"

"我老公希望我像封建时代的女人那样照顾他，给他倒茶，给他盛饭。"

"那你为什么不做呢？这些做起来很难吗？"

"陆老师，我是现代女性啊！我们家有三个保姆，干嘛叫我端茶倒水盛饭？"

而这位老总跟我说："我家里有三个保姆，我每天晚上七点多钟回家，极少应酬，每天都是保姆给我盛饭，但我特别希望我的太太给我盛饭，一周哪怕只有一次。希望这碗饭是太太给盛的，我的要求过分吗？"

"我希望一个月，至少有一个菜或者一碗汤是我太太做的，而不是保姆做的。陆老师，我这个要求过分吗？"

"还有，我的爸爸妈妈，一年大概到我们家来两次。当我的爸爸妈妈难得到我家里来时，我太太就会跟保姆喊：'小王，泡两杯茶来！'我特别希望这杯茶，是我的太太泡了端在二老面前。这个要求过分吗？"

我相信每一位女性都会说：这样的要求不过分。

事情就这样慢慢朝着一个方向发展，老公在书房里办公到晚上9点，保姆端一盘水果进去，说："先生，吃点水果吧！"这是太太不肯做的，保姆代替她做了。老公在书房办公到晚上12点，保姆端一碗银耳汤进去，说："先生，夜深了，吃点点心吧！"这是太太不肯做的，保姆代替她做了。

太太的阵地在一点点减少，保姆的阵地在不知不觉中增加。保姆并没有有意去争夺阵地，她只是做了太太不肯做的。

人与人之间，如果只有一个名分，没有嘘寒问暖、端茶倒水这样实质的交流，情感凭何依存？ 离开了视线就离开了心，离开了生活细节，感情从何而来？

什么是封建？什么是现代？其实封建和现代并不重要，重要的是你要的结果。

这一切是如何发生的？

> 每个人的心，都是慢慢慢慢被融化掉的。想象一下，有一个人一直在关心他——衣服是保姆烫的，晚饭是保姆盛的，饭后的茶是保姆泡的，午夜的水果是保姆送的，深夜的点心是保姆端进书房去的……

太太百思不得其解，这一切是如何发生的？

局外人都知道，这一切会很自然地发生，因为你做的事情越来越少，保姆做的事情越来越多了。保姆也许还因此抱怨，太太什么都不愿意做，什么都让我来做。

反正最后所有的事情保姆都做了——你不是什么都不想做嘛。一切在不知不觉中发生。现在你急了，本来你认为有一些事情必须只能是太太跟老公做的，也由保姆代劳了。

你到底从哪一步开始，丧失太太的地位了呢？是最后那个环节吗？

之前的一切都发生了，那最后一步怎么可能不是顺风顺水、水到渠成呢？

每个人的心，都是慢慢慢慢被融化掉的。想象一下，有一个人一直在关心他——衣服是保姆烫的，晚饭是保姆盛的，饭后的茶是保姆泡的，午夜的水果是保姆送的，深夜的点心是保姆端进书房去的……一段时间以后，关系会变成什么样子？这个结果是可以预见的。

至此，老公跟你只是一纸名分的陌生人了。

举这个案例，不代表你不能找保姆。我的意思是，即使找了保姆，有很多事情还是要自己做的。你看，孩子向着保姆了，老公向着保姆了，你就应该去反省一下，自己参与家庭的细节是否太少了？你一定会说，干嘛非要我端饭，有人端不就行了吗！不行，有些事情你必须亲力亲为，否则你会丧失对亲情的感受力。家里最需要的是相濡以沫的亲情，而亲情建立在日常极微小的事情上。

著名的孝庄皇太后身边伺候的人很多，但她每天亲自侍弄她的花儿，跟花儿说话。什么叫做家务，就是跟服务于你的那些物品说说话，关心关心它们，用你的手去抚摸它们。

生命中有一些事情的发生，是你高高在上的代价。

做一个聪明的女人，还有一个关键因素是，要懂得在心里蕴藏一些东西。正如一个女人在肚子里装一个事儿10个月，之后那件事就可以变成一个人生出来。你不当场发飙，不给人难堪，有隐藏的能力，即心里能装事，内心有承载力，能容纳，这是贤良的女人。隐藏也是改变一个人的方法之一。比如，小孩子犯错你不是当场发威，挺开心的时候才问他，事过境迁了再说。

看一看我们身边受到大家尊敬的女人，他们是如何赢得尊敬的？她们有的发现了老公不体面的事，到死都没有说出来，帮老公保守秘密一辈子。

我和你妈，你先救谁？

以学游泳为例，一味依赖着别人帮助，只能说明我们还没有长大。习惯依赖别人，总有一天你会失望，因为你比我明白，依赖别人是因为你无能。而别人愿不愿帮你，是别人的自由。

有一个经典老故事，大家都熟知：

女人总喜欢扬着脸问老公："我跟你妈掉到河里，你先救谁啊？"

你说你每天问这话，有趣吗？好玩吗？问多了，很多感情在原本相爱的两个人之间就消失了。

不知道女人会游泳的比例是多少？肯定很小。那么多人不会游泳，哪一天发水灾怎么办，这要不要学？很难学吗？你必须要学会。

以学游泳为例，一味依赖着别人帮助，只能说明我们还没有长大。习惯依赖别人，总有一天你会失望，因为你比我明白，依赖别人是因为你无能。而别人愿不愿帮你，是别人的自由。

刚才这个古老的问题，不会游泳的才要问。现在你感觉一下你老公的感觉，用两句话：

第一句，你扬着脸说："我跟你妈掉进河里你先救谁？你说啊，你说！"

你感觉一下你身体的感觉。

第二句，你握着老公的手说："要是你妈掉进河里，我和你，一起去

救她！"

你再一次感觉一下你的感觉。

什么时候成为懂事的女人，幸福就呈现在你面前了。

另外，做了儿媳的女人，永远不能挑战婆婆，永远不要在老公面前跟婆婆比高低、比重要性。你这一辈子谁都可以挑战，就是不能挑战婆婆。为什么呢？你静下心来想一想，你的体会一定比我多。

什么是女人的最高智慧？

他喝醉了还能找到家。一个男人喝醉了都能回家，
这说明一件事。这件事，对女人来说是特大的好消息：
代表你是他的家，你这个女人是这个男人的家。

故事说到这里，你觉得身为女人，她最高的智慧是什么？

最高的智慧是懂得营造一个"场"。什么是"场"，"场"就是氛围！

女人营造的"场"就是家，就是男人特别想回家。如果男人有很多借口不想回家，请先检查一下自己，是不是你把家这个场营造得像个"审判所""反贪局"或者"反省室"了呢？

你对老公喝醉了回家怎么看，又会怎么做？

"这死鬼又喝醉了回家。""喝死算了！""我才懒得照顾你。"

他喝醉了还能找到家。一个男人喝醉了都能回家，这说明一件事。这件事，对女人来说是特大的好消息：代表你是他的家，你这个女人是这个男人的家。

你营造的家老公不想回去，说明这个家有问题。如果他难得不回去，是因为工作，经常不回去，只能是这个家"场"不好。

一个心理学的调查统计，当男人回家，女人通常跟男人说三句话：第一句话"总是这么晚回家！"第二句话"从来不管小孩！"第三句话呢，更有趣，女人这样讲"你出门总是不把拖鞋放好！"他只要回家你就跟他说这些。单调、重复、毫无新意！听了只会让人焦虑烦躁。

结论是，女人常常为一点点小事计较，抓着不放，不顾感情。为了一只拖鞋没有放好而不顾感情。女人认为放好是对，没有放好是错。在两性关系当中，你总要争个"对"或"错"，争来争去，两个人就没有感情了，你就去"对"去吧！天天说这样的三句话，为这么细小的事情干扰甚至伤害到彼此的感情，值得不值得？

女人之相

有的女人年纪轻轻，两条眉毛之间就有三道皱纹；有的女人四十不到，眉毛间横三道、竖三道，都打上格子了。在这些道道里、格子里，都写着她们对这个世界的抱怨，还抱怨得那么理直气壮！

有的女人微笑着对待生活，微笑着面对一切的问题——她没有抱怨为什么问题永远处理不完，而是点着头一件一件去做。

有的女人永远悲叹自己的不幸，常常让自己陷落到愤怒中：气总是那样地不平，身体一天比一天差，说的最多的一句话常常是："老天爷真不公平，为什么我总是这么倒霉！"

所谓女人薄命相、薄福相，是指什么呢？

正如《了凡四训》所说："兼不耐烦剧，不能容人；时或以才智盖人，直心直行，轻言妄谈。凡此皆薄福之相也！"经常不耐烦、不容忍，以自己的习气做事，脾气大，心量小，不学习不成长。这样的女人，佛陀帮不了她，耶稣帮不了她，哪方的神仙也帮不了她。

佛陀说："佛度有缘人。"你愿意学、愿意改，叫"有缘"。很多女人讲话是这样讲的，特别是 80 后——烦死了，吵死了，恨死了，难死了，累死了，讨厌死了…… 语言是符号，是讯息，当你传递的讯息全是负能量的，可想而知你能吸引什么！

有一次我们跟团出国旅行，在一起三天后，我们都发现，团里有一位女性，她一天不说 100 个"死了"，太阳一定不下山。每到一个景点，她会第一个高声地说：“喔哟，就这个啊，无聊死了。”每次上车，都高声说：“累死了！”对导游百般刁难，同行的人都议论纷纷，每个人的心情都受到了她的影响。

我观察了几天后，觉得这是我遇到的带着极大负向能量的人，消极能量能大过她的人，为数不多。我很心疼她，心疼她在这样的生存状态中而不自知，于是决定找她聊聊。

谈话在大巴车行进中开始，我先恭维她漂亮，然后直接问她：“你发现你有一个使用频率很高的习惯用语吗？”

她愣了一下，说：“是不是，你们发现我常常说‘烦死了’！”

“是的，这几天我听见，你每天至少说 100 次！”

“真的吗？有这么多吗？”

“只多不少！我怕说这么多会影响你的身体健康。”

看我说的诚恳，她点了点头，谈话就结束了。

接下来两天，她说“烦死”最后一个字没出来，马上捂嘴巴；再过两天，她说“烦”最后两个字没出来，马上捂嘴巴。可爱的女人，真心希望从此平安在你心头扎根。你是值得被爱的。

女人的薄福薄命相，指说话难听、尖酸刻薄。有的人一看面相，就知道这个人尖酸刻薄，因为她经常讲尖酸刻薄的话，经常皱眉，所以就形成一种特有的面相。

有的女人年纪轻轻，两条眉毛之间就有三道皱纹；有的女人四十不到，眉毛间横三道、竖三道，都打上格子了。在这些道道里、格子里，都写着她们对这个世界的抱怨，还抱怨得那么理直气壮。

清洁工一家的早晨

当下，你想明白了吗？你是让一个家庭经常鸡犬不宁呢？还是营造一个温馨的家庭氛围，让一家人在一起快乐有趣地过简单的生活呢？

很久以前，我看过一部电影，很受感动。这部电影的开场是这样的。

一个家庭里面，女主人一早起来了，她在还睡着的老公的脸上亲了一下，下楼去做早饭了。

她一边唱着歌一边做早饭，做得差不多的时候，她跑到楼上，微笑着拍拍老公的脸说："老公起床了，起床了，早饭做好了。"

然后跑到两个小孩的房间，拍拍他们的脸："宝贝宝贝，起床了，早饭做好了，新的一天开始啦！"

父亲和两个孩子一会儿下楼了，一家人互相拥抱了一下，坐下来围着饭桌，开始吃饭。吃饭的时候每个人在聊着天——

爸爸："今天天气真好啊！哇！今天冷了，像冬天的样子了！"

孩子："我喜欢冬天，回来可以打雪仗了！"

另一个孩子："对啊，我要堆个雪人。"

爸爸："太太，早饭真不错。我爱你！"

太太："我喜欢看你们享受早餐的样子。"

想一想，一家人在一起，我们是这样说话吗？

我们会说："这鬼天气，怎么这么冷。"

或说："又下雪了，我昨天才洗的车，又要弄脏了。"

还说："真不想上班，真没劲。"

甚至说："要能不上班，也能拿钱，多好。"

再回到上面这个家庭。

爸爸继续说："孩子们，预祝你们今天有收获哦！"

妈妈说："今天可以学到很多新东西呢，好好享受一天的学校生活。"

孩子说："谢谢妈妈，我们出门了！晚上见！"

老公带着两个孩子出门了，太太在门口送他们。

老公开着车送两个孩子去学校。接下来的一个场景让我看了泪流满面。

只见那位老公把车停在了路边，在车上换了一套衣服——那种橡皮连身的衣服，走到马路中间，竖了一块牌子"慢速通过"，还插了两面小红旗。

男人从车上拿了一根很长很长的工具，然后把窨井盖打开，人就钻到了下面。

看到这里，你才知道：这个老公是一个下水道清淤工，而他们整个的家庭，一样可以这么美好这么温馨！有时，我们需要很多外在的条件，才可以快乐；有时，我们寻找幸福很久，而待在幸福里的时间很短。

智慧的女人在家庭中如何发挥作用呢？发挥怎样的作用呢？

当下，你想明白了吗？你是让一个家庭经常鸡犬不宁呢？还是营造一个温馨的家庭氛围，让一家人在一起快乐有趣地过简单的生活呢？

乾道成男，坤道成女

女人，是人类的精灵，是尤物，是花仙子。女人来到这个世界上，是以她特有的方式成就世界的。她是来向这个世界呈现美、爱、慈悲，呈现教育孩子、经营家庭、经营老公的能力的。

《周易》说："乾道也，夫道也，天道也。坤道也，妻道也，地道也。"

乾道、天道，即夫道。天是如何运作的？那就是持续地将阳光、风、雨、雪、霜、雷、电、黑暗等，交替着给予大地。所谓坤道、妻道，要做的就是接受。

风来了，接受；雨来了，接受；打雷了，接受；下雪了，接受。即使台风和龙卷风来了，都接受。当这一切来的时候，有些是我们想要的，而有些是我们不想要的，更有些是我们痛恨的，但我们要做的还是全然接受。

大地永远不说：这个风我不要，这个雨我不要，这个泥石流我不要……因为大地深深明白，天依循着规律运作。大地一一全部都接受，接受进来后通过一段时间的孕育、化育。化育成什么了呢？化育成万事万物，地里长的、树上结的——树木、粮食、鲜花、蔬菜、水果——用的、吃的、看的、闻的，以及其他更多的东西。坤道的方式，就是全部接受，并成就万物生长和生灵繁衍，生生不息。

坤是大地。大地的主要特性是稳、定、静。没有人愿意大地一直在动，因为一动就是灾难，比如地震、火山、海啸。一个家庭里，如果有个吵吵闹闹、愤愤不平、抱怨连天的女人，就如同这个家里天天发生地震或海啸，她会

让每一个家人惊慌失措、担惊受怕。当有一天，男人突然碰到了一个安静、贤淑的女人，那会发生什么，我不说大家心里也知道。

如果放下当初的评断，我们会惊讶地发现，当初自己不想要的、痛恨的风雨雷电、雨雪风霜都是有用的，都是来滋养我们的，都是来丰富大地的。

正如父精母卵结合后，一个用肉眼无法看见的胚胎，可以在妈妈的肚子里经过长达 9 个月加 20 天的孕育，变化成一个孩子呈现。如果我们做妻子的，对生活中发生的事能够都有 9 个月 20 天的耐心，一切都会变得不一样。

月为阴，日为阳，一阴一阳谓之"道"，一阴一阳亦谓之"明"，一阴一阳才和谐。大多数人忘了，一阴一阳还谓之"易"。阴阳结合，一切皆"易"。

女人，是人类的精灵，是尤物，是花仙子。女人来到这个世界上，是以她特有的方式成就世界的。她是来向这个世界呈现美、爱、慈悲，呈现教育孩子、经营家庭、经营老公的能力的。

　　这些你都有呈现吗？如果你有呈现，一定是掌握着生命主动权的女人，困难来时打不倒的女人，一个幸福的女人。

　　无论你在外面多么强势和辉煌，走进家门，请回归女人的本质和本位。

第二章

女人如何了解男人，男人如何了解女人？

男人和女人相处，最为重要的是八个字——了解不同，接受不同。

夫妻生活在一起，你需要探索你的高度。什么高度呢？探索忍耐、不生气和孕育一件事情的高度。很多事，在我们没有看清楚之前，就上升到情绪上了。因为控制不了情绪，我们自己给自己制造了困境。

当你懂得了这八个字，掌握了这八字智慧，一切就变得简单了。你开始明白，男人和女人是完全不同的。我们在对自己不了解、对男人不了解的情况下就结婚了。我们看见了对方的优点而相爱，却跟对方的缺点生活在一起。

今天你会明白，你发现的不是对方的缺点，而是对方的特点。

更难懂的是，心理学法则认为，你的心是天，你就看到天；你的心是水，你就看到水；你的心是光，你就看到光；你的心是爱，你就看到爱。

看，不只用眼睛，是用你的全部身心去感知。学会用心灵的眼睛去看，用心灵的耳朵去听。

这一章的内容，将使我们的身心感知系统，得到清洗和刷新。

了解不同

这一章，我们先来看，人与人之间的不同。后面一段，我们再来了解男人和女人之间的不同。

人跟人之间的不同，创造了生活当中 80% 的烦恼。意思就是我们 80% 的烦恼，来自于你不接受人和人之间的不同。

你是女人，他是男人；你这样走路，他那样走路；你喜欢吃这个，他喜欢吃那个；你喜欢逛街，他喜欢看足球；你哈哈大笑，他冷静思考……

谁也没跟谁作对，只是不同而已。兴趣不同，关注点不同，仅此而已。**爱依旧在，只是不同，你不接受不同，要按着你的样子，所以那 80% 的烦恼就产生了。**

女人如何认识男人？男人，是什么样的？是怎样的一种动物？

男人如何认识女人？女人，是什么样的？是怎样的一种动物？

男人和女人有没有区别呢？当然有，而且是不小的区别，也可以说是天大的区别，天和地的区别。

我从民政局、法院里了解到，离婚案的 90% 的理由是四个字——性格不合。

今天，我可以明确地告诉你，这个世界上，没有哪两个人性格是完全相合的。男人和女人是不同的，女人和女人是不同的，男人和男人也是不同的。既然是两个人，那就一定有很大程度上的不同，我们要做的是先了解不同。这是两性关系开始的基础。

人类的主性格

> 每个人，都有与生俱来的性格，人的行为举止以性格为基础。有的人坚强，有的人软弱；有的人管理人，有的人被管理；有的人与众不同，有的人人云亦云。性格没有好坏对错。各种各样的人，组成了我们繁花似锦的社会。

我们先来讲，人所不同的方面。

首先是性格。

每个人，都有与生俱来的性格，人的行为举止以性格为基础。有的人坚强，有的人软弱；有的人管理人，有的人被管理；有的人与众不同，有的人人云亦云。性格没有好坏对错。各种各样的人，组成了我们繁花似锦的社会。

人类对性格的研究由来已久，分法也多种多样。

如果按颜色分，可分为红色性格、蓝色性格、黄色性格、绿色性格。这种分法简单、直观、好用。

第二种分法，是把人类性格分成九种，叫九型人格。说人的性格是一型、二型、三型，一直到九型。这种分法有点复杂，而且界限不明，自己给自己定的和别人给自己定的，常常很不相同。因为它太复杂，常常用不上。

也有用星座分性格的。这在当下的年轻人中很流行，简单实用，很贴近真实，不失为了解人的一个有效途径。

还有用生肖分的。《周易》中讲，因为属相不同，人的性格也不同，这种分法也接近真实，使用简单。

接下来我们讲的，是跟遗传相关的一种分法。它不是问卷问出来的，是你与生俱来，可以检测出来的。这更接近人的根本，最接近真实的人性。

世界上目前一共有 70 亿人，这 70 亿人的性格分为三种：社会型、自我型、逆向思考型。

人类第一种性格：社会型

你找了一个男朋友，然后兴奋地跟别人说："我的男朋友什么都听我的。"没过几天，人们一定会听到你很不满地说："关键时刻他怎么站不出来啊，他是一个男人吗？怎么这么窝囊呢？！"

社会型性格的人，听上去就是非常符合社会标准的那种人，乖乖的、一副听话的样子。

如果你找到这样一位老公，有好消息，也有坏消息。

好消息是他非常愿意听你的，他在群体当中是非常听话的，很容易被你搞定；坏消息是，关键时刻他也站不出来。

你找了一个男朋友，然后兴奋地跟别人说："我的男朋友什么都听我的。"没过几天，人们一定会听到你很不满地说："关键时刻他怎么站不出来啊，他是一个男人吗？怎么这么窝囊呢？！"

在我们历史上，有一个非常著名的社会型性格的人物，一个经典的故事是专讲这个人物的。

这个著名历史人物就是孟子。关于他，有一个故事，叫"孟母三迁"。孟子的母亲，喜欢观察孟子，通过观察，知道儿子是社会型的性格，因为两千多年前，还无法通过检测知道人是什么性格。

孟母在观察，如果你是母亲，你也要学着观察自己的孩子，观察自己的另外一半。那孟子的母亲是怎么做的呢？

一开始，孟子的家在坟场边上。古人对祭祀非常重视，经常有祭祀活动，家门口天天有人走来走去，披麻戴孝，哭得呼天抢地，结果孟子没几天就学会了，整天在家里学着做样子，做个幡举着跑来跑去。母亲看了，心想：这个是要学，但是还不到时候。所以，她决定搬家。搬到哪里？搬到了一个市场旁边。

古代，杀猪宰牛都在市场上进行。没几天，孟子便学会了猪羊牛临死前的叫声，在家里便开始效仿市场上商贩们的吆喝——"青菜三毛钱一斤，鸡蛋五块钱一斤啊"等等。

孟子的母亲观察到这个情况，明白这个要学，但还不到时候，便决定第三次搬家。这次搬到哪里呢？搬到了学校边上。孟子听到学校里传来的琅琅读书声，开始以样学样，非常认真地学习。这就是孟子的母亲，一位细心的懂得观察的母亲。

如果你的另一半是这种社会型性格的人，你就要关注他跟谁在一起，因为社会型的人是容易受人影响的人。他的性格特征是因为他不愿意让别人失望，所以他常常委屈自己去符合别人的需要，不好意思在群体中表达自己的需求。你要慢慢地让他做主，加强他的性格。

孟子的理论通篇是说人是环境动物，人会被环境影响。这并不全面，因为如果人都是环境动物，都容易受环境影响，那谁创造了环境呢？

创造环境的，是接下来的第二种人和第三种人。

人类第二种性格：自我型

好消息是，他是领袖性格，他的人生可以成就一番事业。坏消息是，他不太听你的话，他跟你"嗯、啊、噢"，听完了他还是依着自己的方式去做。

第二种叫自我型性格。自我型性格，听上去就是非常自我的，只听自己的，非常有主见和主张的这样一种人。社会上掌控大权的，基本上是自我型性格的人。这样的人从小是孩子王，喜欢跟比自己大的孩子一起玩，长大了说话常有一句口头禅："听我的，没错！"

如果你找到这样一位男朋友或者老公，有好消息，也有坏消息。

好消息是，他是领袖性格，天生是领袖，他的人生可以成就一番事业。坏消息是，他不太听你的话，他跟你"嗯、啊、噢"，听完了他还是依着自己的方式去做。这种性格的人呢，典型的吃软不吃硬，你要跟他互动，要充分了解他吃软不吃硬的性格，他自己非常有主见，轻易不会改变主意。

细分自我型性格，还可分为自我中心型、自我意识型、自我矛盾型。

人类性格中，自我中心型为最强势的性格。其主要表现是，以自我为中心，主观、明确、果断，做事认真尽责，是领袖人才。行事霸气，容易引起人际间的冲突。如果在打骂的环境中长大，则特别容易叛逆或阳奉阴违。

自我意识型的典型表现是，强烈的企图心和目标性，固执己见，据理力争，做事和学习需要充分理由，不知情的事坚决不做。

自我矛盾型的典型表现是，表面上反对，而内心却有点接受；表面上顺从，而内心却有点怀疑；内心充满矛盾，情绪变化大，不时有自我冲突出现。

人类第三种性格：逆向思考型

> 好消息是，逆向思考型是领袖性格。社会上的商界领袖，多半是这种性格。他之所以成功，就是因为他从不人云亦云，从来都有自己的主见。他有独到的眼光，以独到的眼光成就事业。

第三种性格叫逆向思考型，听上去就非常地叛逆，事实上也非常叛逆，从小就叛逆。从字面上看就让人有点害怕——逆向思考型，啥意思？就是你叫他往东，他一定往西，但他不是存心跟你做对。他的性格是这样，他自然而然也是这样做。

　　好消息是，逆向思考型的人是领袖性格。社会上的商界领袖，多半是这种性格。他之所以成功，就是因为他从不人云亦云，从来都有自己的主见。他有独到的眼光，以独到的眼光成就事业。

　　那坏消息是，跟他互动非常辛苦。我在《好父母决定孩子一生·精华版》光盘上面，讲了跟逆向思考型的孩子怎么互动。

　　老公是逆向思考型，怎样跟他们互动？你不要期待他听你的，他绝对不会听你的。有时候你觉得听他的一定出错，这时你怎么办？如果无关大局，你就试着听他的。当事实证明他真的错了，他原来逆向是 180 度的，现在因为事实证明他错了一次，看着那个错误发生，他会转过来一点点，变成 179 度。只有这样慢慢地在互动中调整。

　　以上是人类的三大性格类型，人的各个品种，全部都在这里了。

潜意识性格

做妻子的智慧

44

> 我们发现，有的人 60 岁了，发起脾
> 气来像小孩子一样，这是因为他走到了
> 潜意识性格上。

　　前面讲的三类叫主性格，即人在正常的情况下，表现出来的性格。

　　还有一类，叫潜意识性格。什么叫潜意识性格呢？即人在不正常的情况下，比如在闹情绪、饿了、冷了、疲劳了的时候，表现出来的性格。

　　我们发现，有的人 60 岁了，发起脾气来像小孩子一样，这是因为他走到了潜意识性格上。潜意识性格有反抗性对立、反抗性坚持、情绪性对立、

情绪性坚持、固执性坚持、固执性反抗等等。其意思是说，当一个人的情绪走到潜意识性格上的时候，他的目的就是跟你对立和反抗，不分好坏。

我女儿囡的性格是社会型，性格不强，从小很乖。但是，她只要一发火，家里人都不认识她了。家里人的感觉是，平常是很好说话很优雅的孩子，但是一发火就固执性坚持，情绪性反抗，很可怕。

那结论是什么？结论就是，你跟一个人互动的时候，如果你发现他的潜意识性格即不正常状态上来了，你就不要再跟他啰嗦了。等到他情绪恢复到正常状态，再跟他互动。因为他在那个时候，表现出来的性格很可怕，说道理是没有用的。

马云说，成功的人，他的心胸是被委屈撑大的。一个人如果委屈了，发火了，恼羞成怒了，那就是走到潜意识性格上了。不容易委屈，不容易发火，不容易恼羞成怒，这需要后天的培养。通过培养，性格可以慢慢地改变，人类可以用后天的意志力克服先天与生俱来的性格。意志力，可以让人们变得博大和宽容。**人生的修炼是修炼自己，使心胸变大**，凡事不容易发火。如果你经常走到潜意识性格上，代表你的心胸很小。

角 度 值

> 我们天性中存在重大区别的地方，弄不好会直接影响我们之间的关系。了解了以后，我恍然大悟。那这个东西是什么呢？叫角度值。

接下来，我们来讲人与人之间的第二大区别。这个"角度值"指标，曾经很大程度上影响过我和我老公的关系。当我做过这个检测以后，我跟老公之间的矛盾和问题，我们之间的区别才彻彻底底地被我了解。

我和老公结婚24年了。5年之前，我们一家三口做了一个检测，发现了我们天性中存在重大区别的地方，弄不好会直接影响我们之间的关系。了解了以后，我恍然大悟。那这个东西是什么呢？叫"角度值"。

我们拿出自己的手，举起来看一下。在我们手掌上，是不是有一些纹路？其中最明显的三条纹路，在医学上叫大皱褶。这些大皱褶分别叫生命线、事业线、爱情线。

这三条纹路随着你的生命经历的变化而变化。告诉大家，如果你的手给我看一下，我就知道你谈过几次恋爱，你谈一次恋爱，有一段感情，手上就会出现一条纹路，这就是大皱褶。随着年龄、生命内容的增加，感情的变化，三条大的皱褶会发生改变，走向都会变。

那什么不会改变呢？我们手指上的箩和簸箕这样的皮纹，不会改变。古话里面有一箩巧、二箩笨……陆老师的手纹有十个簸箕。十个簸箕的人，据说有这样的特点：花钱很快，存钱很难。

十个簸箕十个箩，或者几个簸箕几个箩，可不可能随着你的年龄增加，经历了一些事情以后，发生改变？结论是"不可能"。

不可变的东西里面有什么？有玄机。人这么复杂的一个机器，怎么就没有"使用说明书"呢？我们买一台电脑，买一部手机，都会有很厚一本"使用说明书"，说明书还分英文、日文、韩文等。那么，为什么人这么复杂的精密机器，寿命高达百年，却没有类似的说明书呢？

人的三道说明书

> 有的爸爸妈妈，连男人和女人这道说明书都没有读懂。曾经有好几个学员，她们来到我们面前，我们完全分不清她是男孩还是女孩。有的家庭希望生个男孩，而生下来是个女孩，所以就把她打扮成男孩。

谁说人没有说明书？人有三道说明书。

根据陆老师的研究，人的第一道说明书，就是男人女人。人一落地不可变的，第一个就是男女之别。

如果你是母亲，你生了儿子，与生了女儿的培养方向，是不是不同？你生了儿子，你的培养方向就是让他能够承担，能够独立，今后有能力养家，对不对？男孩子精气神要立得起来。如果你生了女孩子呢？你的培养方向是，让她美，让她优雅，让她善解人意，让她包容，要往这个方向去培养。这就叫说明书，在你生下的孩子落地的那一刻，人的这三道说明书就给你了。问题的关键是，你读得懂吗？

有的爸爸妈妈，连男人和女人这道说明书都没有读懂。曾经有好几个学员，她来到我们面前，我们完全分不清她是男孩还是女孩，这些家庭希望生个男孩，结果生了个女孩，所以就把她打扮成男孩。有的人家生了一个男孩，而家里人希望他是女孩，已经在他出生前买了很多女孩衣服，所以一件一件给他穿，结果长到二十多岁了，一直打扮得不想让人看出他是男是女。这个情况，心理学上叫"异装癖"。

这道说明书，做家长的竟然会读错，真是孩子的噩梦啊！家长的无知

47

和随意，造成孩子一生的困扰。第一道说明书给你了，看他们的名字就应该知道是男是女，不要在女孩名字的后面再加上括号"女"，也不要在男孩名字后面加上括号"男"，才知道他们的性别。

这是人的第一道说明书，现在你读懂了吗？

生命密码

现在很多人改名字，是为了承载更好的讯息，这没有错。名字本来就是用来承载讯息的，是父母给孩子的一个祝福。名字还是一个符号，让周围的人容易识别，容易记住。就怕父母爱子心切，把名字起得没有人能读得准，这样既不方便，也容易误读它承载的好讯息。

那第二道说明书呢，就是我们出生的数据，某年某月某日几点几分出生，即生辰八字，里面有玄机，因为当孩子落地以后，这个不可能变。名字可以变，出生的时间不可变。

现在很多人改名字，那是为了承载更好的讯息，这没有错。名字本来就是用来承载讯息的，其中承载的讯息，是父母给孩子的一个祝福。家长希望孩子的名字承载好的信息。名字还是一个符号，让周围的人容易识别，容易记住。就怕父母爱子心切，把名字起得没有人能读得准，这样既不方便，也容易误读它承载的好讯息。

孩子出生的那组数字，你读懂了吗？毕达哥拉斯，一个数学家，几千年前他就读懂了数字的能量。你落地的那个数字，同样承载着大量信息。你带着这个数字降落到世界上，这组数字代表了你的人生大概是什么状态。但是，我们没有读懂它。这个课程叫什么呢？叫"生命密码"，是毕达哥拉斯创建的。

如果突然有一天，你通过学习终于读懂了，你一定要依据给你的数字信息去扬长避短。

我学习了"生命密码"以后，终于读懂了自己这套密码的时候，回到老家告诉妈妈："妈妈，你就不要怪你这个大女儿，从那么好的国企辞了职做了培训，因为我的那个密码是'1962年11月11日'。"

我是光棍节出生的，我的那组生命密码里面有五个"1"，这还仅仅是先天数。"1"代表什么？代表开拓精神，5个"1"代表我开拓精神强劲，一个人冲在前面，什么有趣、什么新鲜就去做什么，不愿意做重复的事情。

我妈妈"1"也多，4个"1"，所以她七十多岁了，还喊口号："5年走遍五大洲！"

你看，我妈妈的生命一直在表现这种富有创造性的开拓精神：喜欢探索和研究，不怕去做新的事情，七十多岁去学驾驶，带着爸爸一起考驾照，是不是很厉害？

这组数字是有能量的。"1"是开拓的能量，"1"多了，开拓精神就好；"2"代表合作，如果你的这组数字里面"2"比较多，就是合作精神比较好的人；如果你的"3"比较多，代表你有结果，你做事情结果很好。生命密码中的每一个数字，都有一个能量，都在作用于你。这是人的第二道说明书。

我和老公的矛盾来源

我们谈了6年恋爱，结婚一个礼拜，他就对我有意见。啥意见呢？就是因为我挤牙膏不符合他的标准。结婚才一个礼拜，我还是个新娘子，我的老公就因为挤牙膏而对我非常不满意了。

人的第三道说明书里，有很多指标——主性格、潜意识性格、角度值、理性和感性、听觉和视觉以及体觉。通过这份说明书，我们对人的了解，准确度在95%以上。

角度值，是人的第三道说明书中非常重要的指标。我和我老公的矛盾隐藏在这项指标里。

在我们手掌的皮肤上，有着极小的一条一条、错综复杂的纹路，叫皮纹。在我们手掌上有三个点，上面的很细很细的纹路形成三个交叉点。找到了它们以后，用两条线把三个交叉点连起来。两条线形成了一个角度小于90度的角，叫角度值。这里面有什么秘密呢？

如果你的角度值是在42度至45度之间，这是平均值。如果小于42度，这个人做事比较仔细，干干净净，整整齐齐，学习速度也快，手很灵活。38度以下，可以从事很细致的事业，比较挑剔，有洁癖，对别人常常很难满意，因为别人很难符合他的标准。

那么，45度以上的人呢？他们是角度值比较大的人，表现是大大咧咧，丢三落四，容易满足。学习速度慢，手不太灵活，做事的精细度差。

我的检测报告上说，我在人类当中几乎是最大角度值的人，我老公几乎是人类当中最小角度值的人。一个是整天整整齐齐、干干净净，什么都弄得很好；一个是整天丢三落四、乱七八糟。

你说这两个人做夫妻会不会发生矛盾？我们谈了6年恋爱，结婚一个礼拜，他就对我有意见。啥意见呢？就是因为我挤牙膏不符合他的标准，结婚才一个礼拜，我还是个新娘子，老公就因为挤牙膏对我非常不满意了。

他跟我说："陆惠萍，你那牙膏能不能好好挤，你把牙膏挤得歪七斜八地躺在那里，我看着非常不舒服。我已经忍了一周了。"

我们结婚刚一周，他说他忍了一周。

我是个口才很好的人，我理直气壮，当场质问他："挤牙膏的目的是什么？"

他一听就恼了："对，挤牙膏的目的当然是为了刷牙。有一天，我看着你挤出来的牙膏都飞出去了，可以刷五天的牙。"

刚结婚，用的是新牙膏，我一抓一挤，牙膏就挤飞了，于是他抓住这个："牙膏挤得飞出去是浪费，又把牙膏挤成那个样子放在那里，我看着非常不舒服。"

这不是存心找茬吗？

他的爸爸妈妈把他生成这样一个非常精细的人，剪刀应该放哪里，切菜刀应该放哪里，全部都安置得好好的。

而我，角度值大，丢三落四，大大咧咧，可从小家教非常严格。所谓家教严格，就是凡事懂得找自己的问题。于是，我耐着性子说："那我想想办法，可不可以买两盒牙膏，你挤你的，我挤我的。这样总行了吧！要不，我把我用过的牙膏放在下面的抽屉里面，你就看不见了。或者呢，拿一个比较高并且不透明的杯子，把我的牙膏插进去。这样，你只看见牙膏一头，看不见下面，就不会难受了。这样可以吗？"

挺好的态度和办法，试了三天后发现：角度值大的人，能把牙膏盖上帽子，扔进抽屉或插进杯子，能把这两个事情做好，已经不属于角度值大了。

角度值大的人，用到哪儿扔到哪儿，根本不会扔抽屉里，也不会插到杯子里。

那么角度值小是优点，还是角度值大是优点呢？这里没有优点和缺点之分，只代表每个人的特点。

你来分析分析看，你们夫妻两个人，谁的角度值大？谁的角度值小？你们之间的关系，是怎样的一种关系？我和老公，原来在同一个国企上班，每年的公休假，我们出去旅游，我角度值大，什么都会弄丢，什么都会忘，旅行中我丢过手表、戒指、衣服、相机、身份证，这种事经常发生。我还丢过车钥匙、房产证，甚至丢过出国的护照。

我们每次出去，一坐到火车或汽车上的时候，常会发出尖叫："啊，我忘记带身份证了！"

"我带了！"老公坐在旁边慢吞吞地说。

"啊呀，我没带本书路上看！"

"我把你床头正在看的那本书带上了！"

"啊呀，我忘记带点水果了。"

"我带了三种水果。"

"啊呀，我忘记买点瓜子了。"

"我买了三种瓜子。"

我尖叫十次，他十次跟我说："我带了！"

20 年前的酒店，应该说是招待所，条件很差，他居然想到带一根晾衣绳。他考虑得十分细致。这是好消息，也是我的福气。

但他整天挑剔我的时候，就不是好消息了。现在我自己每年都到外面去听课，每年到世界各地听培训。每次听完培训，在回家的路上，就跟自己说："陆惠萍，你又听了一场培训，姿态要更高一点，不要计较老公整天计较的那些小事。"

我相信你一定听得出来，这里面有压抑和委屈。

你看我这个人还算不错，爱学习，懂事，挺会做事，很努力。可他整天计较小事：刀又放到哪里了？桌上的东西能不能放好？床一定要天天掸。自从做了检测，了解了他和自己的区别以后，我就理解和原谅他了。

我了解他角度值比较小，他了解我角度值比较大。那天，我马上去超市里面直接买了十把剪刀，床头柜上搁一把，写字台上搁一把，卫生间里搁一把。等到我的写字台上出现三把剪刀了，我就会用右手跟自己的心脏连接，跟自己讲："陆惠萍，请你现在角度值小一点，把另外两把剪刀放好。要不然，又有两个地方没有剪刀了！"

我们解决问题的方法完全变了，我接受他角度值比较小所带来的比较计较、比较挑剔；他接受我角度值比较大造成的丢三落四、粗枝大叶。我有意识地建立起定置管理的习惯，开始用意志力规范自己的行动，老公也渐渐变得没有原来那么挑剔了。

夫妻两个人互动，解决了一个一直悬而未决的问题，找到了引起我们俩之间最大矛盾的源头。大家都接受了，就没有什么问题了。在这里插一句，大家一定能够看到我的一套光盘叫《好父母决定孩子一生·精华版》，其中讲了孩子角度值的问题，及其对学习产生的影响。作为妈妈或爸爸，如果你的角度值小，而你孩子的角度值大的话，这个小孩会很受罪。因为，你对孩子的要求太高了。

我的女儿囡小学二年级时候，她在那里擦橡皮，把本子擦得快破了，我跟她讲："干净了，可以了，赶紧写啊！"她说："还没干净呢。"继续擦，擦到作业本破了。

现在知道了，她角度值比我小得多，她要求比我高得多。那如果反过来呢，小孩就比较受罪了。你要求高、要求多，这就是矛盾的来源。我们要善于接受互相之间的不同。

理性和感性

理性的人不要看不习惯感性的人，感性的人情绪波动大，沉不住气；感性的人不要不习惯理性的人，理性的人严肃谨慎、索然无味。两个都理性，家里就毫无生机；两个都感性，家里的屋顶就掀翻了。

接下来我们要了解的，是男人和女人之间的不同。

人类有两种特性，一个叫理性，一个叫感性。从统计的角度来看，多

数男人是什么性？理性。多数女人呢？感性。感性的女人的特点是，容易感情用事，情绪波动较大，容易激动也容易消极，一看韩剧就哭哭啼啼。这样的表现，通常理性的男人不能接受。男人说："你怎么看看韩剧，就在那里哭来哭去的，演的呀，假的呀，又不是真的。"

女人就是这个特点，极少数有正好相反的。我曾经碰到一对夫妻正好相反，女人是理性的，男人是感性的，但他们知道这个特点，互动很好。如果男人是理性的，他的表现就是看得见、摸得着才相信，这是理性的人的特点。

需要强调的是，人的理性和感性，没有优点和缺点之分。

这个世界创造出来的飞机大炮、汽车潜艇，最早的创意多数出自感性的人的一个天马行空的想法。感性的人突发奇想，说人为什么不能像鸟一样飞呢？如果我们装两个翅膀不是一样可以飞吗？这是感性的人，可以而且能够异想天开。这种人，带着世界往前走。那么，理性的人，我们需不需要？当然需要。感性的人设想好了，说我们人可以像鸟一样飞，理性的人就慢慢去落实，让理想变成现实。

所以，这里面也没有好和坏，只有"不同"，我们要"接受不同"。很有趣的是，老天爷基本上都会安排好夫妻间的理性与感性的相互对应——男人是这样的，女人就是那样的。所以，只要彼此懂得互动就可以了，没有优点和缺点之分。

理性的男人碰到感性女人，一般是这样的情景：女人在外面碰到一件事情，激动得不得了，一回到家就手舞足蹈地跟老公讲，但老公冷冷地坐在那里慢条斯理地说："又上当受骗了，又被洗脑了，又瞎花钱了……你看你多危险。"

感性的女人会认为，这个男人怎么这么无趣啊，怎么这么呆板，什么事情看得见摸得着才相信，一点也不好玩。两个人都这样家里就会死气沉沉，没有生气，没有情趣。

理性的人不要看不习惯感性的人，他们似乎天天疯疯癫癫，沉不住气；感性的人不要不习惯理性的人，他们千篇一律，索然乏味。两个都理性，家里就毫无生机；两个都感性，家里的屋顶就掀翻了。

听 觉 型

多数女人听觉型，多数男人视觉型。视觉型的男人不喜欢讲话，但听觉型的女人想听。这真是一对矛盾啊。比如，女人最喜欢听那三个字，永远听不厌，而男人最不愿意说的也是那三个字。我们都知道，那三个字就是"我爱你！"

男人和女人，还有一个很大的不同，一样是很有趣的不同。

我们人类接受讯息的途径分成听觉、视觉和体觉。听觉型的人，听，让他感觉非常好，讯息容易接受。听，可以使他安静。女人，多数是听觉型的。

我在《好父母决定孩子一生·精华版》光盘里说到，如果你的孩子是听觉型，在目前的教育体制下比较沾光，因为老师多数是用讲的。听，容易让孩子安静和接受知识。

听觉型的表现是，喜欢听好话，喜欢被哄。好话能让她心里非常舒服。听一句好话，甚至可以让她心花怒放几个月。

所以，女人永远希望男人给她说好话。大家都发现，有的男人其他本事没有，但是那张嘴很厉害，用花言巧语把女人哄得团团转。女人呢？不懂得如何去观察男人，所以有时就被自己听觉型这个特质害了。

多数女人听觉型，多数男人视觉型。视觉型的男人不喜欢讲话，但听觉型的女人想听。这真是一对矛盾啊。比如，女人最喜欢听那三个字，永远听不厌，而男人最不愿意说的也是那三个字。我们都知道，那三个字就是"我爱你！"

男人说："别让我说行不行，我用行动表达了还不成吗？"

但是女人就喜欢听到那三个字，三个字让她非常满足，心花持久开放，而男人请记住：让女人心花怒放，是男人的责任！

男人要懂女人，女人多数是听觉型的。

听觉型的人和视觉型的人完全不同。如果你懂了，夫妻关系处理起来相对就简单一些。女人知道，男人不是听觉型的，不善于说好话。那你知道他不善于跟你说好话，基本上也不善于跟别人说好话。

我有一个学员，深刻懂得女人听觉型的特点，他在外面事业做得很大，但是每一次回到家，都会忙不迭地说好听的给太太听。

出差回到家，他经常倚在厨房间的门上，看着太太在里面做晚饭，一般固定说三句话：

第一句："老婆，你今天穿得真漂亮啊。"

女人一听啊，心瞬间就被滋润了。

第二句："老婆，我发现你变瘦了，身材更好了。"

女人一听啊，心开始笑起来。

第三句："老婆，你怎么知道今天我想吃这个菜，你真是神仙啊！"

女人一听这话，心里那个舒服难以言表。第三句话杀伤力最大，只见那女人在烟火缭绕的厨房里，干劲十足，拼命地炒菜，要给老公吃。

男人要读懂女人这样的心理需求——就是如果她听到好的话、美的话、哄她的话，她的心被滋养；心被滋养了，女人情绪就好；情绪好了，身体也就好了。然后，你让她做什么，她都心甘情愿。

一个人的身体，70%—80% 是水构成的，当水被祝福的时候，会呈现出非常美的结晶。这时候，因为水美，人的情绪就变好，疾病就会远离。情绪跟人的健康密切相关，这已经被医学证明了——心情好，人就健康，百病不侵。

读者朋友，如果你看到这本书里的这些话，请你以后学会对女人说好话。

　　好话不光是谈恋爱的时候说，结了婚也要说。当女人经历困难、挫折、情绪不好的时候，你的好话可以让她振作起来；当你太太出现生理周期的时候，你也要善于说好话。

　　总而言之，男人的好话是太太的灵丹妙药。

视 觉 型

　　因为男人是视觉型的，他不由自主地会被漂亮的、移动着的物体吸引，这是他的天性。他会去看曼妙的东西，看美的东西，有时到了失态的程度。

　　当我们知道了女人听觉型的需求之后，那么我们要问：视觉型男人的需求又是什么呢？

什么叫视觉型呢？他用看，比较容易接受知识，他会被移动的物体吸引，特别容易被美的东西吸引。他喜欢看美的东西。那么，女人就要懂得呈现美：穿着漂亮得体，有气质，不卑不亢，身材曼妙。

男人，多数是视觉型的。

男人总盯着漂亮的女人看，所以有很多老公好不容易答应陪太太上街，回来太太就翻脸了："你刚才跟我一起上街，竟然去看那个身材好的、大胸的女人，你觉得我没她漂亮对不对？我在场你都目不转睛地看那个漂亮女人，我不在的时候更可想而知了！"女人生气了，真的生气了。这是他的天性，他会去看曼妙的东西，看美的东西，有时到了失态的程度。

于是，男人就越来越怕陪着女人逛街。放眼望去，还有几个男人愿意跟女人亲亲爱爱地、没完没了地逛街去呢！

为了视觉型需求，你要关注自己的体型，吃起来不要太放肆。家里也要营造得美一点、和谐一点。那也等于提醒说：女人要尽量让自己身材好、状态美，审美观方面要好好学习、天天精进。

视觉型男人的表现，还在男人和女人在做上帝赋予他们之间游戏的时候，呈现出一个很有趣的现象——女人遮着脸，害羞地说："先把灯关掉……"

男人说："不要关，不要关，习惯了就好！"

这个现象代表男人多数是视觉型的。他要透过看，让自己获得视觉的满足，达到最幸福、最放松、最兴奋的状态。有这种要求，不代表他是个坏男人。

如何区分听觉型与视觉型

一切其实没那么严重，只是你不知道他到底是视觉型还是听觉型而已。所以，因为对人的无知，对人性的不了解，产生了数不清的烦恼，严重的甚至葬送了前程。

听觉型、视觉型怎么区分呢？很容易。比如，你今天去听了个培训，当面对上级老总时，你跟老总说："报告潘总，我听了个培训，特别精彩，我讲给您听！"

潘总说："等一等。你不要讲给我听，你去写个体会报告给我看。"

这个老总是视觉型的。

你昨天听了场培训，连夜写了一份报告，第二天跑到总经理办公室，说："潘总，昨天我听了培训，体会很深，感悟很多，我写了一份报告给您看。"

潘总说："噢，既然来了，你就直接把培训体会讲给我听吧！"

这代表什么？代表这个老总是听觉型的。

而你什么也不懂，听到老总这样说，很生气，心想：我好不容易，昨晚花了几个小时的时间，觉都没睡成，郑重其事地写份报告给你看，你居然不看，却让我讲给你听。你什么意思啊，你这不是刁难我吗？

一切其实没那么严重，只是你不知道他到底是视觉型还是听觉型而已。所以，因为对人的无知，对人性的不了解，产生了数不清的烦恼，严重的甚至葬送了前程。

体 觉 型

你把人家推得好远，全然不顾他是体觉型。体觉型是男人的一个死穴。如果女人知道这个男人是体觉型的，她只要去拥抱他，这个男人就说："走，我给你买钻石戒指。"

体觉型，是指身体感觉功能强，以肢体来学习，靠操作来记忆，要去感受、感觉，听、看、触摸同时进行才能让他学习，才能够接受知识，产生记忆。

体觉型的男人比较多，女人比较少。

体觉型的人在孩子阶段，是多动的一类。他们小时候喜欢拿个东西，特别是那种柔软光滑的东西在手上捻来捻去。他的手要接触东西才安心。

体觉型的男人容易出轨，被别人触碰身体之后，容易迷失方向。体觉型的男人很黏人，特别想靠着你。有的女人很讨厌，不喜欢被黏，常说："你旁边一点啊，不要烦我啊！"

你把人家推得好远，全然不顾他是体觉型。体觉型是男人的一个死穴。如果女人知道这个男人是体觉型的，她只要去拥抱他，这个男人就说："走，我给你买钻石戒指。"

几年前，某省某县民政局的结婚登记处，赫然挂起一条标语，内容是："对男人的偶然出轨要保持宽容的态度。"此标语一出，引发网上热议，全社会哗然，当地政府压力巨大，没几天就将它摘掉了。最后，这件事成了没有前因后果的一件事。

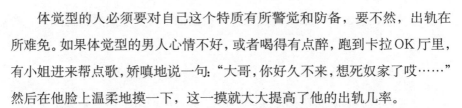

　　体觉型的人必须要对自己这个特质有所警觉和防备，要不然，出轨在所难免。如果体觉型的男人心情不好，或者喝得有点醉，跑到卡拉OK厅里，有小姐进来帮点歌，娇嗔地说一句："大哥，你好久不来，想死奴家了哎……"然后在他脸上温柔地摸一下，这一摸就大大提高了他的出轨几率。

　　所以，很多人想不明白，男人在外面做了那么没品质的事，居然还把太太的电话、家里的电话留给人家。女人有时候很想不通。这男人愚蠢到这个程度吗？如此愚蠢的成因，是因为他走到体觉的状态，没办法控制自己了。

　　如果看到这里，对照一下，觉察自己可能是体觉型的，你要让自己保持在正常状态。喝了酒，或者在家里受挫了，不要乱跑。跑出去就犯错误，后悔都来不及。所以，你对自己一定要有高度的觉察。不要给人家拥抱一下，抚摸一下，就变形了，就什么都说、什么都给。你最好避免去那种场合。

　　如果我是听觉型，虽然我很想听好话，但老公是实在人，不会说好听的，就不能太过要求。这叫懂事的女人。

　　如果你是视觉型的，你就知道每个女人随着年龄的增加，身材多少都会有些变形。除了看身材，你还要学会看内涵，要懂得绕过身材、皮肤、妆容去看女人的那颗心。这叫懂事的男人。

听觉、视觉、体觉，没有对错，只有不同。我们要深刻了解自己，才能够克服可能出现的一些状态。这样，生命就走到一个比较高的状态了。从此以后，我们就懂得通过对听觉、视觉、体觉特点的了解，来修正我们的行为。

相信这段关于人和人之间的不同，性格、角度值、理性、感性、听觉、视觉、体觉的特点全部说完的时候，我们能做的，就是八个字——了解不同，接受不同。

回到生活当中，我们开始显现我们的宽容和谅解，因为我们彼此既很相像，又决然不同。

第三章

两性关系的四个阶段

男女亲密关系要经历四个阶段：蜜月期、权力斗争期、死亡期和伙伴期。每一对男女都一样，没有例外。

很多人不了解男女亲密关系的四个阶段，所以自己给自己造成很多烦恼。人们不懂得，任何关系都要经历四个阶段，并且在这四个阶段中循环往复。

上帝问女人："你准备好为一个男人了吗？两个人一起活，一起爱，一起往好的方向走了吗？"

上帝问男人："你准备好为一个女人了吗？两个人一起活，一起爱，一起往好的方向走了吗？"

男人或女人，都不能等待另一半向自己移动，所谓爱是要向对方移动。

男人和女人同时回答："准备好了，准备好在关系中交出自己——为亲爱的人奉献自己，我愿意走向对方。"

在我们走入一段亲密关系之前，你一定要想明白，夫妻关系是一条漫长的路。前行途中不单有亲密和甜蜜，还有气愤、争执、对抗。所以，双方面对障碍和困难的时候，要多一点耐心、多一点从容和多一点坚强，并且手拉手跨越障碍，经历了斗争和困难之后，两人彼此在高处再一次亲密相拥。

第一阶段：蜜月期

所有亲密关系的开始，都是双方把最好的一面展现给对方，所以我们常常坠入爱河。是的，坠入爱河是人生中最美的时光。但不久，双方会开始看到彼此不再吸引人的地方。你甚至再也无法从对方身上，看见那个当初让你深深爱恋的人的样子。

两性关系的第一个阶段叫蜜月期。看到"蜜月"两个字，你就知道这是怎样的一个阶段了。

人在蜜月期的感受是——哇，我找到真爱了！太棒了，啊，好浪漫！我好喜欢他，他太让我满意了！一般人有的缺点，他都没有。我恨不得每时每刻都跟他在一起。这个时期，双方都把他们最好的一面展现出来。

男人在那个时候，恨不得整夜都不睡觉，听女人讲话，发自内心，撑着下巴，点头微笑，不厌其烦地听女人讲故事。女人稍一停顿，男人就说：还有吗？我还没听够，继续说继续说。吃了晚饭还吃夜宵，看通宵电影，要不就整个晚上都在听你说。

于是，女人继续说，女人很满足。一说就说到快天亮，于是觉得，时间过得真快呀！怎么就天亮了？男人还在撑着下巴、睁大眼睛等着听我说呢，明天吧，明天继续说。这种状态就叫蜜月期。

两个人感觉到真爱了，非常舒服，非常喜欢，看不到就不舒服，恨不得24小时都在一起。嫌白天太短，嫌夜晚太长，时时刻刻急着见面。

女人逢人就兴奋地说，我找了个对象多么多么好，这也好那也好；男人呢，在朋友中炫耀，女朋友漂亮、身材好、脾气好，说话就像唱歌一样好听，那叫一个得意。两个人看看天，天特别蓝；看看人，人特别美；一切都是美好的，天黑都特别浪漫，下雨都特别温馨，看什么都顺眼。他们就仿佛来到了天堂。

每一个人都有蜜月期。有的人蜜月期持续时间很长，有的人蜜月期持续时间很短。有的人的蜜月期过去已经很久，忘了自己曾经的那个蜜月期了。哪怕这辈子你只有过 5 分钟的蜜月期，你也一定有过蜜月期。

其实不仅两性关系当中存在蜜月期，在人类的各种关系当中，都存在蜜月期。比如说，你到一个新单位工作，是不是很积极，分内分外的事情都干？早上早点去，下午晚点走，洗洗杯子拖拖地，擦擦桌子泡泡茶。这叫工作的蜜月期。

处在工作蜜月期的人都非常讲礼貌、守时、勤恳，人人都一样。半年或一年以后，各种负面状态就呈现了：迟到、懒惰、消极，表现平平，不思进取。

蜜月期也叫不真实的时期。这个时期的人，都闪现着不真实的光芒，因为其中一方为讨好，在这个时期压抑自己的需求。他因为肉体的吸引力而宁愿不睡觉去听你说话，他把自己的全部给你。她有的全部给你，你有的全部给他，双方都放弃自己的需求来满足对方。

蜜月期的双方都有很多的期望：女人的期望是"我是很特别的""我是完美的""我需要浪漫和坠入爱河的感觉""我值得你给我全然的正向的注意力""我需要你的欣赏、感谢、尊敬，甚至有时候是崇拜"。而蜜月期男人的期望是"我是值得被赞美的""我需要你懂我爱我""我值得被体贴和关怀""我需要性和更多的性""我需要随时随地、不同场合发生的性"。

你怎么知道你有期望——去觉察你的言语中有"应该"这样的字眼。所以，人们最初的关系多半是出于需要而不是爱，而多数的情况是我们正

好搞反了。

在两性关系上，不要被蜜月期所蒙蔽，在蜜月期男女一定要清醒。你们开始谈恋爱，女的上夜班，男人去接，女人觉得好幸福好骄傲啊，在同事中好有面子啊。你要用大脑想一想，每天接下班这样的事，可不可能持久？不可能持久。所以，以此为骄傲的，没多久会无比地失落，你甚至无法相信这是最初让你深深爱上的人。

要允许别人在不卑不亢中谈恋爱。

为什么现在离婚率高，是因为有的人没有跨过蜜月期就结婚了，所以有一天他突然发现：我要找的不是这样的！特别是等过了蜜月期，对对方大失所望。所以，很多女人离婚的理由是：他变了！

他变得不服从了，变得有自己的主张了，变得不是无条件地宠着女人了。不是他变了，是女人们不知道之前是蜜月期，而现在蜜月期过了，他只是恢复了正常。

在蜜月期，每一个人的表现都是不真实的，都有讨好，都有压抑。你压抑自己的需求，去满足别人的需求。人不可能永远停留在讨好阶段。所以，人能在蜜月期保持清醒，是很高的智慧。

拿我自己的经历做个现身说法吧：我恋爱谈了6年，6年中我男朋友不抽烟，因为他知道我不喜欢抽烟的人。我清晰地记得，我们领完结婚证，他的角色变成老公，走出民政局领证的房间，因为我要把糖发给工作人员，我晚了一步出去，就见他已经在外面抽烟了。他变真实了，而我有点吃不消。

所有亲密关系的开始，都是双方把最好的一面展现给对方，所以我们常常坠入爱河。是的，坠入爱河是人生中最美的时光。但不久，双方会开始看到彼此不再吸引人的地方。你甚至再也无法从对方身上，看见那个当初让你深深爱恋的人的样子。

我们必须知道，春天是会结束的。在变化中生存和让双方好过一点，是你要懂的智慧。

第二阶段：权力斗争期

其实双方的需求从来都是一样的，当你放肆地享受着他对你的照顾，你要清醒地知道他在压抑着他的需求。你希望老公对待你像对待王后一样，他极尽所能地善待你，你都觉得不够，但总有一天，你会被迫清醒过来，并且后悔不迭。

什么叫权力斗争期？就是双方争夺重要性，不再讨好了。你应该听我的还是我应该听你的？你是对的还是我是对的？关系进入到这样的争论中，叫权力斗争期。在这个时期，基本上还是女人相对比较强势一点。可是，原来讨好的一方"自我需要"觉醒了，没有那么乖了。

在这个阶段，一切开始幻灭，令人感到失望。当伴侣没有满足你的需求时，你变得怨恨、失望和追求起来，"爱"的不真实光芒开始消融不见。

"啊，爱到哪里去了？"

这时候，伴侣让你反感，因为你还带着从前的期望。

是什么激起权力斗争？是愤怒、怨恨、批评、不分青红皂白地坚持别人是错的自己是对的、武断、压力、反感、无聊、无趣和不耐烦、不宽容、危机感。

第二阶段的权力斗争期，女人无法接受——他怎么可以这样，怎么可以不听我讲话了，他说我说话比唱歌都好听，现在怎么嫌我啰嗦了。

接下来，谁应该满足谁的需求呢？为这件事争吵。吵架的动因是"你没有照顾好我的需求！"因为我们不认为自己重要，所以要别人认为自己重要。

对方领结婚证后变了，很正常，因为你不了解婚姻的四个阶段。原来一直讨好的一方，他累了，他觉醒了，他开始主张自己的诉求了——我开心就是开心，不开心就是不开心；我有力气就听你说，没力气就不听你说；我睡觉去，我不想听你小时候那些痛苦的故事。原来不要讨论就完全服从的事情，现在全变了。比如，过年的时候，我们俩是回我的老家去呢，还是回你的老家？为这件事争论很久，争得双方生气、动怒了。你在蜜月期中看到他的是坚持，而在权力斗争期，看到他的是固执。他做的是同一件事，而你对他的判断则由坚持变成了固执。

在权力斗争期，你要去觉察自己的内心是不是越来越焦躁？对另一方是不是控制过度？自己是不是有不诚实和有所掩藏的秘密？自己是不是在这期间做着一些存心令对方厌烦的事情？是不是常常自以为是？是不是一会儿指责一会儿又陷落到挫败感、无助感、失落感之中？

如果我们"抓住某个期望不放"，会影响你对你的伴侣的看法。你之所以会抓住不放，是因为你认为自己有期望的权利。你常常说"如果我对另一半不能有所期望，结婚有什么意义呢？"而事实是，你抓住期望越久，你对伴侣的看法就会变得越负面。**因为关系的法则是，当你对特定的东西有所期望时，所有的一切就会变得毫无价值；当你对特定的东西毫无期望时，任何东西都会让你觉得心满意足。**

其实双方的需求从来都是一样的。当你放肆地享受着他对你的照顾，你要清醒地知道他在压抑着他的需求。你希望老公对待你像对待王后一样，极尽所能地善待你，你都觉得不够，但总有一天，你会被迫清醒过来，并且后悔不迭。

权力斗争期来临时，你只要争吵就给对方力量了。进入争吵，人的内疚感就消失。本来你是有理的一方，这是我的一个非常重要的提醒，一旦争吵，对方的内疚感就消失了，双方就扯平了。你千万不要用争吵的方法来解决问题。

老公们说，今天晚上我没回来吃晚饭，没跟你说，本来我是有内疚的。但是，一进家门，你一骂，我就没有内疚了。我没回家没跟你说，你骂了我了，我们扯平了。

太太们说，他不回家吃晚饭，没提前跟我说，我做了一桌的菜等他。他回来后我还不能生气，不能骂？这是什么道理，还有公理吗？！

"理"跟"和谐"，我们得从中选一样。在家庭中，我们要理还是要和谐？你不可能两样都要，不可能一次到达两个地方。

另外，双方在权力斗争期的状态有两种：一种叫依赖，一种叫独立。一个独立的人，跟一个依赖的人一起，比较能走下去，没多久就能达成和平。

如果两个都是独立的，很难相处；两个都是依赖的，也很难相处。所以呢，如果你有智慧，你去分析一下，今天回到家的时候，你的男朋友或者老公，到底是处在独立还是依赖的状态。

依赖就是没有力量，代表阴性、软弱、无助、自闭、挫败……他在外面"受伤"了，比如在单位里受苦了，回来说："我真不想上班了。"

你要说："没事，有我呢。"

其实不是你强，是这时候他需要鼓励，需要关心。在这个阶段，你不能用"男人必须要坚强"的标准去衡量他。你必须用关心和细心，让关系尽早走出权力斗争期。

独立就是有力量，代表阳性、愤怒、无理、指责、暴力……

其实你也很强，但这时候，你只有示弱，让他觉得他正确，你俯首称臣，说你没他不行，这样才能化解矛盾。

我们从电视上看到多少血腥的案件，都是因为双方都太强了，硬碰硬，最后导致不可收拾。就算不能示弱，你至少可以用《孙子兵法》中的最后一计，为了避免更大的冲突，避免做出后悔的举动，"走为上"，也就是避开一下，冷静一下。

你要懂得去观察另一半是什么状态，今天是依赖还是独立？观察是关系中最重要的一环，我们应当先观察再行动。

我以前在国企工作的时候，经常被气得回家就哭。每逢这时候，我老公就跟我说："没关系，有我呢！"

其实不见得他能帮上什么忙，只是当下的支持，特别是心理上的支持对我来讲是最重要的。

别小看了那句话，那句话实在非常重要。我们看这本书的目的，就是为了更懂他，了解当下他在哪个阶段，自己要跟他在相对应的位置。他硬你就软，他弱你就强；他需要帮助，你就挺身而出；他力量无穷，你就请求他帮助。

独立跟依赖，也是辩证对应的位置。如果你找的老公非常独立，你要学会依赖他。至少语言上要依赖，你要经常跟老公说："幸亏有你！"

如果老公非常依赖，你就支持他。至少在语言上鼓励、支持他，你要经常跟老公说："你是对的，我支持你！"

女人希望自己像王后一样活着，就请你把老公奉为国王，而不是把他放在太监的位置上。

有一点要特别强调，男人不一定是力量的代表，更不可能永远是力量的代表。他跟你一样：你需要关心，他也需要；你需要呵护，他也需要；你需要听到"我爱你"，他也一样需要。

常常的，你要的，他不一定有。也许在那一刻他也很需要，大家都没有，你问他要，他其实没有，可是他说不出。也有的时候，他根本不相信自己身上有足够的爱可以给你，他常常怀疑自己能不能给你一辈子的幸福，所以你就不要骂他"窝囊废""真没用"。这样做，就等于剜老公的心，很不人道。互相支持，才是真正意义上的爱人。

女人因为小事不停地唠叨，而全然不顾伤害对方的感情。这种做法就是阴性的索取的能量。女人要从索取的状态中走出来，身上带有索取能量的人是很难一辈子幸福的。

关系的法则是，不要花太多的时间去别人那里索取爱，而要主动地去向别人付出爱，付出时你所需要的才会流回来。一味的索取不可能永远得到满足，就是得到了也不会持续太久。

当然，结了婚的夫妇，彼此熟悉了，争执一下有时并不是坏事，通过争执，彼此可以达到谅解。

但是，女人把爱情看得过于神圣和理想化了，所以无法接受彼此间发生的争执。争执后想得太多，想得太严重，所以内心的恐惧就增多。其实没有恐惧的话，你最重视的东西也不可能失去。恐惧会妨碍我们看到彼此间存在的真爱。

第三阶段：死亡期

老公难得不回家，是因为工作忙；老公经常不回家，一定是因为家不是他向往的地方。女人懂得经营家，家要非常温馨、快乐，使他人在外边都想回家。如果这个家不温馨不快乐，他人在家里心也想出去。

第三个阶段叫死亡期，表现为他不愿意回家、拒绝沟通。疲惫、冷漠、绝望、放弃，是死亡期的标志。

他只要回家，你就开始没完没了地数落人家、骂人家，把八百年前的旧账翻出来，甚至把人家祖宗八代都数落进去，只能说明你不够厚道。

所以，老公难得不回家，是因为工作忙；老公经常不回家，一定是因为家不是他向往的地方。女人懂得经营家，家要非常温馨、快乐，使他人在外边都想回家。如果这个家不温馨不快乐，他人在家里心也想出去。

因为家庭的氛围不好，所以不想回家；因为怕听唠叨，所以不想回家。在死亡期，男人容易去寻找另外的慰藉，容易出轨。

其实出轨这件事情，女人都认为是男人迷恋年轻美貌和青春刺激。男人出轨常常不是因为肉体，他们要的是感觉，征服的感觉。因为太太整天跟他权力斗争，整天跟他要注意力，被她折磨得不行，所以，他就去找一个小女人并征服她，以证明他还是个男人。这是根本的原因。

有很多女人，办了一场非常隆重的婚礼，但是没多久就闹离婚。如果你举办了一场非常隆重的婚礼，比如一套婚纱就花掉 10 万块钱。那么，这样的新娘子就很难回到现实生活中。

我们都见过这样的新娘，整天拿着一套婚纱照，捧到东捧到西，给你看给他看，说自己拍的时候换了几套衣服，拍了多长时间。看的人只有一个感觉，没说出来："挺漂亮，很好看，但是不像你！"

新娘子把自己搁到一个很高的位置上，一时很难落到现实生活当中，因为现实生活要她放下婚纱、扎起围裙。婚礼结束，围裙时代就开始。如果婚礼太轰动、太豪华，让幸福中的新娘子一下转到围裙时代，她很难适应。

但这就是生活，你每天必须面对的生活。你需要多长的时间，才能从平凡而重复的生活中找到乐趣和意义呢？

两性关系必然按着这个模式走，到达死亡期的时候，两方都疲惫了，都进入冷漠状态——我累了，疲惫了，不想再烦了，不想再跟你争了，婚姻这时就进入了死亡期。

在死亡期，原来被宠爱的一方产生失败感，心灰意冷，觉得生活没有意义，产生攻击性、逃避、抽离与断绝联系的冷漠心态。这时，女人的怨言是："他不懂我不哄我了，他不爱我了。"

如何穿越死亡期呢？

首先，跟自己的不舒服在一起，告诉自己——我正在不舒服。跟自己对话——现在正是我要真正认识自己的时候，不舒服也是我的一部分。当你轻柔地把气吸入身体里不舒服的部位时，邀请爱、邀请了解、邀请接纳等等的特质来到你的心中，把不舒服的感觉整个包裹起来，用你内在的慈爱的特质拥抱那个不舒服，拥抱那个痛苦。

当心情平复，你开始去看对方的需要，去尊重他的个人空间，学习不去打扰他的个人时间，去找有共同兴趣的事重新进入他的世界。

当你愿意承认自己错了时，全世界都宽恕了你原谅了你。当你在自己犯错时去认错，你就能在那里学到东西并成长。丈夫们请学会，如果妻子让你觉得失败，你不怪妻子，只是去照顾你当下失败的感觉。

穿越死亡期还有一个最大的秘诀，那就是讲出真实的感受！

什么叫讲出"真实的感受"。比如，你今天认认真真在家里做饭，但是你老公没有回来吃饭，也没有预先打招呼。他一回家，你劈头盖脑，一顿臭骂："你到哪里去了？你怎么可以这样？我就知道你不回家在外面花头很多，今天又是跟哪些人在一起鬼混？这日子不要过了，咱们离婚，早离早好，谁怕谁啊……"

不能这样说，这样说很没素质。**你粗暴地对待一张纸，就是粗暴地对待自己**。即使不得不战斗，也请带着爱和慈悲。

你通常要学着这样说自己真实的感受，即叙述事情本身："我今天回家，认认真真做了一桌的菜，你没有回家吃饭，也没有跟我说你不回来，我心里有点难过。"

你讲完，老公一定说："对不起，是我错了！"

你们很快就越过了死亡期。所以，争执不仅浪费时间，也让你的痛苦加倍。

因此，当你的亲密关系里有危机出现时，它是一个讯号，召唤你去做一个改变，负责地表达你的不舒服。

在死亡期和权力斗争期，女人要做的事情，永远不是去改变自己的另一半。男女关系的历史证明，你想改变另外一半，即使你努力一辈子，结果也是令你失望。除非你先接受另外一半，你不可能改变他。如果你非要改变别人，只能祝你好运。

多少人，几十年来还是几十年前的习惯，你是看惯了，接受了，适应了。讲道理让人改变，是最不可能实现的事情。哪个人不知道抽烟有害，他就

是不肯改变，你用得着跟他说抽烟有害健康吗？

别想改变他，除非他自己愿意。

我有一个舅舅在台湾，烟龄已经几十年，抽烟抽到他只要待在房间里，烟雾重到什么程度？你推门进入到他的房间，人影都看不见；如果是住酒店，消防报警器会报警。

他今年 86 岁了，每年回到我们老家扫墓。我们小辈们陪他搓麻将，搓麻将可以，但是那烟实在让人受不了。

去年回来，发现他不抽烟了。原来因为老来得孙子，想要抱孙子，自己觉得烟对孙子不好，想改变了。主动地，突然一下子就不抽了。这就是人类，**这就是人性——愿意自我改变，不愿意被改变。**

你如何打赢这一场死亡期的战斗呢？这儿讲一个老故事。

有两只狼在打仗，有人问村上的老者："你看谁会打赢？"

老者说："你看，一只狼它是带着爱和慈悲的，一只狼是带着仇恨和邪恶的。你说，哪只狼会打赢呢？"

对！是身上带着爱和慈悲的狼赢了。所以，你所有的起心动念，特别是女人，要带着爱和慈悲。用爱和慈悲去讲你真实的感受，一定会让你很快走出死亡期。

"我是带着爱和慈悲叫他不要抽烟的啊,可他还是不听!"你认为是这样,而老公感受到的不是爱和慈悲,他没有觉得你的言行里面有爱和慈悲,听的人感觉到的还是怨恨、抱怨、嫌弃。

两性关系出现问题的时候,你一定要想一想,到底自己在哪里没有自信,在哪里恐惧,在哪里无法平静。"问题"是来召唤我们改变的,"问题"不是敌人。当我们重新找回安静,你忽然明白,太阳升起和太阳下山,都是一幅画,一样美丽,值得欣赏。

男人和女人的关系,是一条心灵之路,更是一条心灵进化之路。生命的方向,由我们的态度来决定。总而言之,你得让了解发生。**当了解发生,冲突就不见了。**

第四阶段:伙伴期

> 每一次到达伙伴期的时候,夫妻关系的品质都会提升。也就是说,每一次吵架和好的时候,当事人双方发现,你们比原来更亲更爱更紧密更协调一致了。这代表夫妻有了更多的了解和接受,关系往上走了一级。

两性关系的第四个阶段,叫伙伴期。伙伴期是什么意思?伙伴期就是"亲密关系真实的阶段",就是你会放下一些怨恨,重新来看你们的关系,重塑你们的关系。

第一阶段是不真实的阶段。而伙伴期,你们两个的关系进入到非常真实、像伙伴一样的关系。这个阶段男女双方都在如实地体验对方。你突然发现，你的幸福和你伴侣的幸福是同一件事，夫妻间赢了其实也是输了。你不再争，两个人都开心才是真正的开心。

从伙伴期开始，人们真正了解亲密关系到底是怎么回事，生命到底是怎么回事，双方进入到很深的友谊，建立起真实的伴侣关系——你的给予不再分心，且不再期待回报，而结果是给的越多得到也越多。

每一次到达伙伴期的时候，夫妻关系的品质都会提升。也就是说，每一次吵架和好的时候，当事人双方发现，你们比原来更紧密更亲爱更协调一致了。这代表夫妻有了更多的了解和接受，关系往上走了一级。

所以在伙伴期的时候，是非常非常棒的，是值得留恋的，是不想离开的。谁都不想离开伙伴期。

这时候，双方都在想：不要再吵架，就这样多好，我们一定要保持不吵架，吵架一点儿也不好玩，我情愿迁就一点也不要吵架，他就是不好我也不要吵架，下次我就妥协，争取永不再吵架……

好了，你这样一想不要紧，你们又进入到蜜月期了，因为你们都想用委曲来求全了。这又进入到不真实阶段，你在委屈自己保持那个不吵架的记录。

从蜜月期到伙伴期，时间可长可短，每一步亦可长可短。有的两性关系在蜜月期很长，在权力斗争期和死亡期很短；有的两性关系在蜜月期很短，在权力斗争期和死亡期很长；有的人进入权力斗争期就没有出来；有的人到了死亡期再也没有出来，他们最后用离婚为这段关系画了句号，没有共同走到伙伴期。

现在社会上闪婚闪离的人，多半是在蜜月期就结婚了："天哪，终于找到真命天子啦，感谢老天爷厚爱我！"

四个阶段没有全部经历一遍就结婚了，一结婚，到权力斗争期，心想："啊，怎么是这样的，他的性格怎么是这样的？"

好不容易熬到死亡期，说一句："脾气不好，性格不合，我看错他了。"

接着，匆匆离婚。

在恋爱中经历至少一次四个阶段的轮回，找到各自走出僵持的方式，回归平静、安宁、真实的关系状态，然后决定结婚，那婚后的生活就会比较稳定。我相信没有人是为了离婚而结婚的，每个人都是带着对美好婚姻的憧憬而结婚的。很多女人走出婚姻，伤心欲绝，通常都说："世界上的男人没一个好东西！"

其涵义大概是：为什么男人前后判若两人，为什么轰轰烈烈的爱不能永远，为什么他不能持久，为什么他不能像刚认识你时那样对待你。所以，有人说，女人吃亏在无知。

婚礼进行曲

我在这里，给你打预防针：进入婚姻的话，你们会无数次进入权力斗争期和死亡期，你愿意吗？权力斗争期和死亡期，相当于待在地狱里面，你愿意吗？

在婚礼上，司仪问：

无论健康和疾病，你们都愿意在一起吗？

愿意！

无论贫穷和富有，你们都愿意在一起吗？

愿意！

无论成功和失败，你们都愿意在一起吗？

愿意！

无论和平与争吵，你们都愿意在一起吗？

愿意！

无论顺境和逆境，你们都愿意在一起吗？

愿意！

无论天堂和地狱，你们都愿意在一起吗？

愿意！

在你们未来的婚姻生活中，有五万步要走，你们将一万次地去天堂，一万次地去地狱。你们愿意在一起，共同分享、共同分担、一起度过吗？

好的，只要有他陪在身边，我愿意！

五万步，你走到了吗？你们走到相濡以沫、心灵相通了吗？

我在这里，给你打预防针：进入婚姻的话，你们会无数次进入权力斗争期和死亡期，你愿意吗？权力斗争期和死亡期，相当于待在地狱里面，你愿意吗？

在婚姻关系中，我们的心灵和智慧，要像楼房抵御台风和地震一样，抗风抗震的等级要高，准备要足。

如果你离婚了，你一定要从怨恨中走出来，放下过往的伴侣，放下搁在你心里的其他人、事、物，先做到心平气和。你的不幸，不是某个人造成的，是你的生命需要成长，才让你学习面对冲突、面对失望，甚至面对绝望。

如同荷花需要穿越污泥，在穿越污泥的过程中，荷花并不知道未来是什么样，只是单凭一己的勇气和坚持。

当它成功地穿越污泥，亭亭玉立地绽放的时候，人们围着荷花欣赏和赞叹，没有人知道它到底经历了什么，只有它自己知道。

它在默默地告诉自己，勇敢是值得的，坚持是值得的，生命可以开出花朵。这就是宇宙的法则。

当我们懂得了两性关系的四个阶段，一切就变得简单了。这并不代表，你们从此以后不吵架、不生气，而是吵的时候多了一分觉察，最高的生命状态是有觉察的。只有这样，你才真正了解亲密关系是怎么一回事，你的"给"里面不再有期待。

当下知道自己在生气，知道自己在吵架，吵得不会像以前那样不计后果。有的夫妻一吵架，在死亡期待好几个月，几个月都不说话，有人就会乘虚而入。而现在，夫妻之间订个协议，吵完两个小时，就要主动说话，有智慧的先检讨，勇敢地把关系带出死亡期。

不是你特别没运气，不是你特别倒霉，不是你遇人不淑，所有两性关系都要走这四个阶段，谁也逃脱不掉。每一对夫妻都这样。不用惊讶，不用害怕。活着就要面对矛盾，活着就是解决问题。

我们都是半个人，合在一起才能完整圆满，每一对夫妻在四个阶段的轮回中，都可以用自己摸索出来的方式渐渐达到完整圆满。

生命永远在成长，很棒的是，面对矛盾和斗争的时候，我们又有了新的办法、新的智慧和新的力量。

学习真好，活着真好！

如果你真的看懂了亲密关系的四个阶段，你一定能总结出来：亲密关系其实与爱无关，与你的重要性有关。请让你的伴侣觉得他重要，他就会爱你。所以，从头到尾，我们生气也好，开心也好，都跟对方把你放在是否重要的位置上有关。

游戏的名字叫"我选择"

关系的四个阶段并不可怕，只要我们懂得选择。选择最美好最宽容的人生献给自己。为了让闪闪发亮的爱情来到，并在两个人之间生根发芽、开花结果，我们都要努力！

两性关系的四个阶段，你愿意待在哪里，由你自己选择。在其中一个阶段待多久，也由你自己选择。当你的心灵选择什么，你的行为就跟着你的选择行动。

你选择快乐，你就快乐；你选择抱怨，你就抱怨；你选择进步，你就进步；你选择守旧，你就守旧；你选择改变，你就改变；你选择固执，你就固执……

印度的领袖圣雄甘地，出生时智力一般、家庭背景一般、能力一般，自己做律师一直非常失败。

一次圣雄甘地去南非，他的哥哥为他提供了工作的机会。那天他坐火车，哥哥为他买了头等舱的车票。可是，当时的南非，种族歧视很严重，白人乘客和列车长都跟他说："把你的黑屁股移到三等舱去。"

甘地坚持自己的权益，因此火车开动后，他被几个人扔下了火车。这时的甘地有三种选择：第一种，生气，愤愤不平，逢人就讲这件事，回到印度。第二种，打官司，没完没了地打官司。第三种，打倒种族主义，去改良和他一样受苦的人们的生存环境，去帮助那些受种族主义歧视的人。

在漆黑的夜晚，在一个没有人烟的小站，三种选择一起来到他的面前。

休息一会儿之后，他倾听内心发出的声音，知道进入内在才是旅程的开始，于是他选择了第三种。从此，圣雄甘地的灵魂就在体内诞生了。

我们来做一个小游戏，游戏的名字叫"我选择"。

你先跟自己说出以下的话，大声说，用你最大的声音和能量说出来、喊出来："我选择生气！我选择愤怒！我选择抱怨！我选择攻击！我选择谩骂！我选择诅咒！我选择转身离去！"

然后，去感觉一下你身体的感觉。

你再跟自己说出以下的话，也大声说："我选择接受！我选择了解！我选择理解！我选择和平！我选择改变！我选择在一切中看到爱！"

然后，再去感觉一下你身体的感觉。

最实际的是，早上告诉自己："我选择去上班，上班是我的选择，而不是我一定要去上班。"

关系的四个阶段并不可怕，只要我们懂得选择，选择最美好的、最宽容的人生献给自己。为了让闪闪发亮的爱情来到，并在两个人之间生根发芽、开花结果，我们都要努力！

84

作为女人，你贡献了什么？

这一辈子，作为女人，我贡献了什么？我贡献了我教育的能力吗？我贡献了我作为女人的优雅和美丽吗？我贡献了我作为女人的智慧吗？

书看到这里，你换一个更舒服的姿势，跟着我的引导，轻轻地闭上眼睛。

让自己坐好，脚放平，脊柱垂直，做深呼吸，深深地吸一口气，将气吸到丹田，放松地吐气。再一次吸气，吸到极致，再吸一点，吐气。吐气的时间是吸气的两倍，深深地吐，再深一点，再深一点……

拉长你的呼吸，当呼吸被拉长的时候，你的情绪，就会像尘埃一样落下来，平复下来。今后你情绪不好的时候，你就让自己深呼吸，你的情绪会马上恢复。

那现在呢，你闭着眼睛，一边做深呼吸，一边来跟我想一个问题，好，不断地，不断地，跟着我陆老师说出以下的话：

这一辈子，作为女人，我贡献了什么？

作为女人，我在家庭里面贡献了什么？

我贡献了和谐吗？

我贡献了美丽吗？

这一辈子，作为女人，我贡献了什么？

我贡献了温暖吗？

我贡献了我的协调能力吗？

我贡献了我帮助老公事业成功的能力吗？

这一辈子，作为女人，我贡献了什么？

我贡献了我教育的能力吗？

我贡献了我作为女人的优雅和美丽吗？

我贡献了我作为女人的智慧吗？

在家族里面，我贡献了什么？

我贡献了家族女人的榜样吗？

家族里面因为有我，变得和谐温暖了吗？

家族因为有了我，变得亲情凝聚了吗？

在单位里面，我作为女人贡献了什么呢？

我贡献了智慧吗？

我贡献了鼓励别人的能力吗？

在家族、在企业，我贡献了什么呢？

作为女人我贡献了什么呢？

对我的孩子，我作为女人贡献了什么？

我贡献了引导吗？

我贡献了耐心吗？

我作为女人贡献了什么呢？

我贡献了原谅吗？

我贡献了宽恕吗？

我贡献了给予别人的勇气吗？

作为女人我贡献了什么呢？

我如果有所贡献，这些方面可以打多少分呢？

20分吗？ 50分吗？及格吗？ 90分吗？

我还愿意不断地成长和改变吗？

我还愿意不断地增加自己作为女人的力量吗？

作为女人我为社会贡献了什么呢？

我走在大街上是一个美的存在吗？

做妻子的智慧

我是一个美丽轻松的存在吗？

我面对陌生人的时候，眼神是柔和的信任的吗？

我贡献了女人这一份特殊的力量吗？

在社会上，在整个社会体系里面，我贡献了秩序吗？

这一辈子，作为女人，我贡献了什么？

作为女人我为社会贡献了什么呢？

贡献了不扔垃圾吗？

贡献了作为一个女人对一个城市的责任吗？

作为女人活到现在， 20年过去了，30年过去了，40年过去了，面对未来，我还能贡献什么呢？作为女人我能贡献什么？生命结束的时候，我会有遗憾吗？

棒极了，你相信自己会做得越来越好，请你在这辈子把做女人的所有特质都表现出来，献给这个世界，献给你的孩子，献给你的爱人。

棒极了，整个的人生走到现在，作为一个女人，你可以打多少分？ 20分吗？ 30分吗？及格吗？还是80分呢？今天80分，不代表明天是80分，因为生命是流动的。每一个阶段，需要新的元素。

再一次深深地吸气，当你吸气的时候，在这之前，没有认识到的角色，现在要透过你的吸气把它吸进来。当你吐气的时候，在这之前，在女人的角色上做得不够好的地方，透过你的吐气把它吐出去，把不属于女人角色的部分，全部吐出去。

现在，把你的手搓热，然后按压自己的脸部；在按压脸部的过程中，睁开你的眼睛。当你睁开眼睛的时候，你觉得换了一双眼睛看世界。

第四章

女人和性

矛盾了很久，要不要在这本书里讲"性"。因为，这是一个极为敏感的话题，弄不好会引来口水和石头。

看着那么多女性和她们的家庭为之受苦，我最终决定讲。

不管是被邀请到全国各地演讲，还是在我开设的《做女人的智慧》培训班上；不管是 200 人的场，还是 3800 人的场，讲到女人和性，场下一定鸦雀无声，每个人都睁大了眼睛，屏住呼吸。我猜，这是因为她们听到了从来没有听过的话，而这些话让大家突然明白自己的亲密关系在哪里出了问题，或者突然明白了这件事情，原来如此重要。

更为特别的是，在这部分内容的学习中，每个人是不需要做笔记的。不做笔记，而对于我讲了什么，甚至细节，大家全都记得比我还清楚。

看完这一章，当你带着这一章的智慧走入生活，走入家庭，真的就重塑了婚姻，重塑了关系。更为有趣的是，每一个学过的人几乎都愿意使用并教导其他的姐妹。

女人要懂得用性去鼓励男人，这也许是"相夫"工作中最重要的一环了。

"性"是什么？

有时，我们婚姻失败了，并不知道是败在对性的处理上；有时，我们特别幸福快乐，也并不知道，幸福快乐来自于一次放松的、享受的性的体验。

性，从小到大，我们对这个主题，一向讳莫如深，羞于启齿。但是，这恰恰是一个在很大程度上主宰我们幸福的主题。性，对家庭幸福的影响力比你想象的要大得多。

我们曾经从一些渠道得到性的知识，这些渠道是零碎的，把这些渠道全部拼凑起来，总还是不系统、不完整、不正确。

有时，我们婚姻失败了，并不知道是败在对性的处理上；有时，我们特别幸福快乐，也并不知道，幸福快乐来自于一次放松的、享受的性的体验。

关于性，我们知道的都还很狭隘。"性"到底是什么？谁能说清楚？其实，看看这些词，你就知道了性是什么了——性能、性格、性感、性情、习性……由此可知，性的内涵和外延，既深又广。

在我国，性的活动中，男人通常主动，女人通常被动。被动就有压抑，压抑的结果，有时自己都无法预测。压抑变成一种情绪爆发时，会极具破坏性，其结果的严重性连你自己有时都无法相信。

女人的本质就是发光、美丽、柔软、敞开和接受性。性里面到底有哪些秘诀呢？让我们开始吧！

性能 — 发动机 — 魅力

> 我们那么关注汽车的性能，而对人的性能，则常常
> 忽视。一个人性能好的明显标志，就是这个人很有魅力。
> 魅力是性能的外在表现。

性，就是性能。

看一辆车，我们最想知道的，就是它的性能如何。为什么我们喜欢奔驰、宝马？因为发动机的性能好。国产车还不够好，就是因为发动机的性能不够好。

所谓"性能不好"，就是该跑的时候跑不动，该停的时候停不住。发动机有性能，人也有性能。我们那么关注汽车的性能，而对人的性能则常常忽视。一个人性能好的明显标志，就是这个人很有魅力。魅力是性能的外在表现。

李玟唱歌边跳边唱，人们能感受到她由性格而产生的魅力；而迈克·杰克逊的舞蹈用最直接的方式表现了性能和魅力。

人们只会崇拜身体健壮的领导者，身体健壮的领导者充满魅力。

"性能"之十二条

做妻子的智慧

"性能"就是生命力，关于性能的十二条内容，今天我们来摆一摆。

第一条，生命所有的问题，都跟性能量的状态有关

今天一大清早，是否起得来床？愿不愿意去工作？有没有兴趣去努力打拼？跟你的性能量有关。

有的人大清早起来，到办公室，茶一泡，坐在那里半小时就开始打哈欠，明显是性能不够。所以他对事业的开创，无法到最佳的状态。

第二条，女人通过浪漫感觉被爱，男人通过性感觉被爱

女人觉得，有爱才能做爱。

女人是通过浪漫的感觉，比如红酒晚会、轰轰烈烈的求婚形式、生日收到玫瑰花等等，感受到被爱。或者做爱的过程中，有很多前戏，才感觉自己被爱。男人觉得要在做爱中表达对女人的爱。男人说，如果你随时都愿意以我的要求为要求，愿意和我做爱，我就觉得你这个女人是爱我的。

你看出来了吗？男人和女人多么矛盾和不同啊。我在此求求大家了，互相理解一点吧，理解一点心就靠近了一点。

第三条，所有魅力的核心都是性感，性感的核心在于自如的状态

你在你的生命里是有力量的，你是可以把控自己的生命的，外在给别人的感受就是"这个人有魅力"。你任何时候都是非常自如的，身体不会影响对工作和学习的，发挥这种自信。

汶川地震的时候，很多人第一时间跑去献爱心，结果到那一堆瓦砾里，搬了三块碎石，就上气不接下气了，他已经没有力气了，看上去自己都快要咽气了，他自己需要别人来帮助了，爱心献不了了。这就是性能状态不行，心有余而力不足。

第四条，迷恋性的根本是追求自我、回归自我

生活中的很多人，为什么结婚没多久就外遇，迷恋性的根本动因是他要回归自我。当性爱结束，你能够感觉到的，"那一刻"好轻松好舒服啊，人完全放空了，当下没有思想、没有烦恼。这是那么多人迷恋性的原因。不是性本身的过程，而是性活动结束时的那一刻，是松弛下来的那一刻的状态。每个人都会迷恋这种状态，潜意识里也会追求这种状态。

男人为什么会有外遇？

多年来，我所做的夫妻关系的个案中，常常听到女人说："我的老公，什么本事也没有，整个儿一个窝囊废，但他居然在外面还拈花惹草。"

第五条，性是一种释放，是一种征服，也是寄托和平衡

我们通常把性的活动，想象成一种单纯的行为，而事实上，性的活动绝对不是一个单纯的活动，也绝对不是为了满足一种单纯的欲望。性活动是一个人的内在需要获得一个平衡，需要释放一种能量，需要寄托，需要舒服，需要征服。

多年来，我所做的夫妻关系的个案中，常常听到女人说："我的老公，什么本事也没有，整个儿一个窝囊废，但他居然在外面还拈花惹草。"

不管这个男人活得大还是活得小，都一样充满英雄情节。男人需要征服的感觉，而在太太那里得不到——释放都不一定能达成，找到征服的感觉就更难了。当他回到家时，他觉得自己是个失败者，这就是他为什么一直在工作中，回到家里，面对的又是太太的唠叨、找麻烦，所以哪儿让他觉得成功他就愿意去哪儿。

第六条，什么叫"做爱"

"做爱"，是跟这颗心做爱，跟他的灵魂做爱，而不是只跟对方身体上的某个部分做爱。如果你把人当作肉体，早晚会觉得无聊。

做爱是沟通，性里面要有爱。有的人把人当成物品，其中就缺少爱。女人特别要关注这一点：你的心，你的身心灵，那一刻要全部聚焦在对方身上，你是带着你的心在做爱，跟他这个人的身心灵以及整个灵魂在做爱。

很多男人迷恋性，但只停留在发泄的层面。说得好听一点，很多男人以发泄性作为他的修行法门。因为欲望，他不停地找女人，不停地换女人，但他不知道，欲望是永远不可能被填满的。

突然有一天，他遇到一个女人，感觉这个就是他想要的，因为跟她在一起，整个儿身心灵都非常舒服，释放这种感觉的时候，人一般没有罪恶感。有的人一辈子想找到那种感觉。有一种男人，最最悲哀的是，他找了很多女人，但是他的心却从来没有动过。他找了很多女人，却一直停留在一个动物性的层面上，没有一个女人可以带他到一种身心灵升华的状态。

这里的一个关键是，太太的功课真的很重，但我相信每一个太太都做得到。懂得带男人到这样的过程当中，带他们到身心灵和谐舒服释放的状态，这是女人的功课。

所以，我们看见男人找很多外遇的时候，不应该恨他，而应该可怜

做妻子的智慧

他——可怜他到现在为止，都还没有找到一颗心和一个灵魂可以跟他做爱。你不觉得这是一个悲哀吗？

第七条，男人有外遇的另外一个原因，是女人把他的自尊给毁了

不是每一个男人都能有成就，但是每一个男人都有自尊，都有英雄情节。男人在家里被太太损，损得头都抬不起来，于是他到别处寻找自尊。最后那个自尊被他找到了——人家说很钦佩他，很崇拜他，他的心被激活，就迷上这个"别人"了。

做太太需要智慧，智慧哪里来呢？需要了解，需要做功课。

第八条，女人要善于用性去鼓励男人

在性活动中鼓励男人，让男人获得自信，是最容易的。如果你的老公比较窝囊，你一定要在性活动中去鼓励他。不知道我这样讲，你能不能听明白？一个女人嫁到人家，多年以后，男人的事业还是不行，一定程度上代表女人不懂得用女人的法则去鼓励男人。**所谓"相夫"，就是做男人的激励者，把他的生命能量全部激发出来，堂堂正正做男人，成就一番事业。**

女人嫁到人家，不是手心朝上来索取的，而是来帮忙的，是来激励男人的，所谓帮夫运好的女人，帮了也并不邀功，成就都是男人的。自始至终，你是男人背后那个不同凡响的女人。

如今的社会，放眼望去，哪家有个这样的女人，哪家就兴旺发达，蒸蒸日上。

第九条，在性的方面和谐的不可能离婚，不和谐的有的好有的不好

性的和谐，让双方每天唱着歌起床，唱着歌上班，唱着歌下班。性的和谐让夫妻双方可以忽视对方的缺点和错误。人们都知道一句老话说：一白遮百丑，而不知道性的和谐同样可以遮"百丑"。

而两性的不和谐让双方抓着缺点不放，双方都不由自主地放大生活中的问题和矛盾。

所谓性的和谐，就是双方在性的活动中全力以赴。有的女性在和我一对一的沟通中说：我不喜欢性的活动，所以他做他的，我看电视看报纸。我非常惊讶，甚至很好奇，如何做到边看报纸边做呢？这样又如何达到和谐呢？不和谐的关系又如何能长久呢？

第十条，一个人性先动，还是情先动，决定人生的成败

情先动的夫妻关系美满，性先动的沦为性奴。我们的孩子在 11 岁、12 岁或 13 岁、14 岁的时候，有恋爱倾向。这个时期，几乎每个父母都谈恋色变，像间谍一样关注孩子。本来是人的本性，这样的年纪，情窦初开，朦胧美好，但这被我们家长称为"早恋"。

其实这是正常的生理、心理现象，是生命发展的必然过程。发现孩子早恋的话，至少可以证明两点：第一，孩子发育正常；第二，性取向正常。其实，每一个家长自己的第一段情，不也是在初中的时候发生的吗？

这种感觉，想起来真是美好。那会儿看见喜欢的男生会脸红心跳，在一旁偷偷地观察他，看见他早上一直不来，着急、失落、担心，心想他是不是感冒了，不来上学了；看见他走进来，自己那颗心就上蹿下跳。那也许只是个暗恋，但特别美好；也许只是个单恋，也特别美好。

人和人彼此心动是最美的感觉，动一次可以回味一生。但是我们做爸爸妈妈了，却把孩子的感觉毁了。当你的孩子开始对异性有感觉的时候，他在纸上或在日记里面写了几句话，你就如临大敌，立刻加以遏制。

你批评他，要他保证，不能早恋，要认真学习，把一大堆"正确的废话"说给他听。你要表达的是，他在 13 岁、14 岁、15 岁动情，是错误的。做得过分的，还暗中跟踪孩子，从此，孩子情意先萌动的意向被你扼杀了。

接下来他到了 20 岁，到外地去上大学了，这时候他碰到一个女孩子，他很激动，可他心里有一个结论，动情动心是不对的。但是，这时候他的性已经成熟，已经压抑不住性的欲望，因为性成熟而按捺不住，所以认识一个礼拜就去开房间了。性行动了，就直接进入最后一道工序。

没有情的过程，只有性，跟当初被你如临大敌地扼杀有关。

那我们应该怎么做呢？

第一次情动的时候，妈妈就要教会儿子怎么看女人，就要教会女儿怎么去看男人。

留一点思念的空间

> 女人要懂得思念的作用。距离和思念，是让爱情长期保鲜的一剂良药。如果你出差了，就让思念延长，不要随便打电话；电话一通，思念的情绪就跑得不知去向了。

第十一条，人要懂得距离和思念的作用，给对方以距离

人与人要保持距离，中国文化中有一条叫"夫妻有别"，夫妻要成为独立的人，关系才能长久。夫妻间的亲密不能"亲密无间"，而要"亲密有间"，双方都要懂得把对方作为一个独立的个体予以尊重。

女人要懂得思念的作用。距离和思念，是让爱情长期保鲜的一剂良药。如果你出差了，就让思念延长，不要随便打电话；电话一通，思念的情绪就跑得不知去向了。

中国古代，很多的诗词是在表达思念。读这些诗词的时候，你仿佛看到一幅画——老公出门了，太太在家里倚在门框上，翘首企盼老公回家。时间越久，思念越深。情感就在这绵绵思念当中慢慢升华和储备。

储备了情感，出现状况时也不容易被破坏。可惜，如今通讯太发达太方便了，所有精神层面的享受，因为时间不够酿不成醇美的酒。说得严重

一点，是通讯和交通几乎完全毁灭了思念存在的空间。

人的情感，具有一种神秘感，这是距离产生美的原因。"距离产生美"这句话，已经被我们说烂了，但是，我们知道怎么做吗？做的方法，一句话，就是请少用手机。

夫妻关系是人间第一关系

女人一旦怀孕，9个月零20天，女人就不让老公碰自己。其实，怀孕跟夫妻生活没有冲突。女人不用这么严格，严格是不对的。年轻的老公结婚没多久就9个月零20天没有夫妻生活，女人这样做，很不人道，也太危险，对女人对胎儿也并没有好处。

第十二条，夫妻关系是人间第一关系，夫妻关系美满的，孩子不需要教育

夫妻关系永远是第一关系，在家庭中，无论什么情况，夫妻关系都要放在第一位，放在重点保护的位置上。

需要提醒的是，有了孩子，不可以影响夫妻关系。很多女性，在这一点上犯下非常大的错误。

男人在婚姻之初要过很多关卡，要忍耐很长时间。这些关卡太折磨人。对人，对年轻人，特别是对年轻的男人，这些考验都太残酷太不人道。

女人一旦怀孕，就不让老公碰自己，长达 9 个月零 20 天不许老公碰。其实，怀孕跟夫妻生活没有冲突。女人不用这么严格。严格是不对的。女人这样做，很不人道，也太危险，对女人对胎儿也并没有好处。

只要一生孩子，就跟孩子一个房间，凡事"孩子第一"。在此，我再一次郑重地告诉你：夫妻关系永远是你们之间最最重要的关系。如果没有了两性关系，其他别的什么关系都没有了。

有孩子的阶段，是你们夫妻关系当中的一段特殊时期。也就是说，从孩子出生到 18 岁，在你们的两性关系当中存在一个"第三者"，这就是你们的孩子。当孩子年满 18 岁成年的时候，他就去过自己的生活了，你们又恢复到两个人的关系。

但是，我们现在一结婚一有孩子，就把老公扔好远——他的要求再也不管了，他的想法再也不听了，他的要求再也不满足了——你的眼里只有孩子了。

老公为此提意见，太太振振有词地说："说我只关心孩子，孩子只是我的孩子吗？不是你的孩子吗？不帮着带孩子，还来烦我。"

我有一个学员，太太只管孩子，13 年一直跟孩子睡在一起，老公也非常爱儿子，把自己的儿子当生命。

有次他们夫妻两个吵架了，吵得很凶。吵架的时候，这个男人很绝望，用忍了 13 年的能量跟太太说："你不要我，我再也不回家了。"

太太不相信他会再也不回家，因为她知道老公爱儿子，放不下儿子，就没把老公的话当真。结果这一走，老公连续 7 年没回家。相隔 7 年之后，直到孩子考上大学，他才来跟儿子见了一次面。

在这段关系里，我看到的是，两性关系是第一关系。两性关系没有了，他就不再关心孩子。非要把两性中的悲伤消化完了以后，他才会来继续关心孩子。如果两性关系还在冲突上，他几乎不会来关心孩子。

生命使用说明书

我们拥有了一个身体、一个生命，那么怎么使用我们的身体和生命呢？谁来教我们？我们没有收到生命说明书。对每个人很重要很具体的是，如何保持你的发动机性能？有的人年纪轻轻，发现身体不行了，性能不行了。

什么是生命说明书？爸爸妈妈把我们生下来的时候，我们拥有了一个身体和生命，而怎么使用我们的身体和生命呢？我们没有收到说明书。

汽车发动机性能不行的话，我们可以旧车换新车。如何让自己保持好你的发动机的性能？因为我们无法"旧车"换"新车"。有的人年纪轻轻，发现身体不行了，性能不行了。

到底怎么不行的呢？如何使用，才可以保持自己的发动机性能良好呢？为什么丘吉尔的高级助理，七十多岁了，性能还那么好？

所以我们来看一下，生命要怎么使用，接下来的十二条，是身体、生命使用说明书，人的能量从哪里走的？什么方式是在储存能量，什么方式是消耗能量，我们来看一个究竟。

人的七个脉轮

有的人，他的能量一直聚集在海底轮，没有均匀地往上走。能量需要升华，怎么升华？通过学习和静心。为了让你具备沟通能力、演讲能力以及洞察能力，请不要让海底轮的能量轻易流走，要保护和升华它。

人的能量在七个脉轮里面走，每个人的能量总和是差不多的。但每个脉轮里分配的能量不同，就形成了人与人的不同。

第一个脉轮叫海底轮，在我们会阴这个地方。海底轮，是生殖轮，是人最原始能量的发源地，一个人所有的能量都是从这个地方开始的。如何保持海底轮的能量，怎样才能有源源不断新的能量在七个脉轮里循环？答案是"千万重视自己那个部分的元气，不要太多的发泄"。性的发泄，让海底轮的能量下流，这就是"下流"这个词的由来。人的自慰行为，是原始能量的最大出口。人们需要修炼后天的意志力，来保持这个能量。

肚脐下面那个位置叫脐轮。脐轮有能量，代表你海底轮的能量已经上升到脐轮，没有在底下就全部流走。脐轮能量足的话，你的美誉度就好，比较受人喜欢和信任。

第三个轮是胃轮，在胃这个地方。胃轮也叫"太阳神经丛"，所有的能量都会在那里循环往复，是储存能量的地方。胃轮能量差的人，沟通的能力比较差，有话不想说，也说不出来。胃轮能量不足，人整个的精气神就不行，显得软绵绵的。我国男性胃病普遍，是普遍胃轮能量不足，表达的能量不足。

第四个脉轮是心轮，双乳之中，也叫"方寸""黄庭"或"膻中穴"。有的人一辈子心轮没有打开，如同行尸走肉，能量从下往上，没有到达那里。

心轮没有能量的时候，凡事无法用心灵的眼睛去看，无法用心灵的耳朵去听，无法用心灵的感觉去感觉。心轮能量不足的人，人际交往中，表现为情意不够，做事业会被人认为唯利是图，或者被人认为做事心不在焉，失魂落魄。

第五个脉轮叫喉轮。如果一个人的喉轮能量足够的话，他的沟通意愿很强，表达能力好，能量充足。

在我们开设的口才演讲训练课上，你会发现有的人不是不会演讲，演讲的动作都学会了，演讲的内容也都背熟了，但还是说不出来，是因为他们喉轮的能量不足。我们不能单纯地教演讲技巧，还要练喉轮的能量，要把他整个的能量向上拉升，拉升到喉轮的位置。

第六个脉轮叫眉心轮，也就是人们常说的"第三只眼"。包公即包拯就有"第三只眼"。"第三只眼"开了，眉心轮的能量就足，眉心轮能量足了，人的洞察力就好，观察能力就强，看不见摸不着的事，他凭洞察力就可以判断。

对现在的社会来说，眉心轮能量足的人，所谓"第三只眼"开的人，对什么事情能做，什么项目能挣钱，他比较有把握。

第七个脉轮在头顶，叫顶轮。顶轮就是决策力、领导力。顶轮能量足的人，有领导才华，具备决策能力，往往决策的目标清晰，行动起来雷厉风行。

有的人能量一直聚集在海底轮，没有均匀地往上走。能量需要升华；通过学习、静心、修炼可以升华。为了你具备沟通能力和演讲能力以及洞察能力，请不要让你海底轮的能量轻易流走，要保护和升华它。

如何把生命能量往上提呢？把冲动变为观察能力，通过音乐和舞蹈，以及读书学习。

生命使用说明书之十二条

夫妻之间的性活动，如果没有浓情爱意，你的孩子不可能聪明，所以你必须在浓情爱意下创造孩子。浓情爱意下创造的孩子，种子饱满，先天状态才会好。

重申一遍，大家要记清楚的，做爱是沟通，性里面一定要有爱。有爱的性活动，让你的生命能量越来越强；没有爱的性，让你脸色灰暗、体力下降而且不易恢复。

接下来要跟大家谈的是生命使用说明书之十二条：

第一条，只做有爱之性，不做无爱之性，杜绝欲望之性

103

所以，我们任何时候都不能把对方当成物品。如果把对方当成物品，这里面就没有爱。做爱不仅是跟他肉体有关系，更是心灵上的结合。无爱的性活动，身体的配合程度低，精气神就被一点点抽走，容易让人早衰，而且在身体里储存不良的讯息。

第二条，影响你性能的，是你在性里面有不好的经历；如果有的话，你要尽早地把它释放掉

比如说，有一些女孩子，小时候受过性侵犯，长大以后，要么是对性厌恶，对性有很多的批判；要么就是过度使用性。所以等她长大以后，这两种状态都很难让她享受性的美好。如果有过这样的经历，要通过心理咨询，把压在身体里的能量释放出来，然后才能享受性的安全和美好。

在这里，有一个真实的例子。

我有个学员，他 38 岁了，还没有结婚，一直在谈恋爱，每次谈到一定程度，关系就结束，自己也不知道为什么，周围的人也奇怪。每次说到要结婚，他就落荒而逃。一个男人，怎么会说到结婚他就跑呢？

后来才发现，那是因为他有个非常不好的记忆。小时候，他家在偏远的山区，大概两岁的时候，妈妈又生了一个妹妹。小妹妹躺在摇篮里，也不知道为什么，他一个人在妹妹房间的时候，竟然把妹妹的尿布掀开，伸手去摸妹妹的"小妹妹"。

这时，正好爸爸从外面进来撞见这件事，把他一顿毒打，一边打一边骂："你这孩子，这么小就做这么不要脸的事，你长大也不会有出息，长大了也是个坏人。今天我饶不了你，让你长个记性！"

爸爸把他打得皮开肉绽。

打完以后，为了让他长记性，爸爸把整个村里的男人都叫到自己的家里，当着他们的面，又把他打了一顿，还一边打一边说："才两岁就做坏事，不可饶恕！我非要你永远记住，这辈子都记住不可。"

就是这样一件事情，留在他的脑海里面，因为爸爸的打，在他生命当中留下太深印象：如果我再碰女人那个地方的话，那是不行的，是有罪的，是坏事；只要让他做这个动作，他就会非常紧张。

父母在处理这件事情上，为这个小孩留下了很大的心理阴影。这么小的时候遇到这样的事情，记忆深刻得直达潜意识。

我们用唯识学的方法，在深层沟通中，把这件事的能量帮助他释放了。此后，他两年不到就结婚了，幸福地过着小日子。

夫妻之间的性活动，如果没有浓情爱意，你的孩子就可能不聪明，所以你必须在浓情爱意下创造孩子，那样孕育孩子的种子才饱满，也只有那样，你的孩子先天状态才会好。

第三条，子时做爱严重伤身

女人要懂，保持男人性能的关键要素是什么。女人不要认为自己在性上是被动接受的人，没有主动权。性活动在什么时间进行，全靠女人注意。你可以营造一个氛围，你什么时候要，就什么时候发生，但千万避开子时。有一本书叫《寿康宝鉴》，它告诉我们，也就是我们的老祖宗告诉我们：要保持一个人的性能状态，这个时间是高压线，绝不能碰。你一碰立竿见影，人的生命力就直线下降。

每天的"子时"是什么时间？晚上11点到凌晨1点之间，绝对不能进行性活动。如果在这个时间做的话，仅需40次，你就把男人的性能给毁了。今后他的性能就一塌糊涂。有人说，中国男人40岁后，就进入无性生活，除非有强烈的刺激，要不然欲望不再。

曾经，学员们听到这里，互相看了看，笑了起来。笑什么呢？她们说，因为我们回想了一下，好像每次都是在晚上11点准时开始的。吃过晚饭，把孩子安排好，家务做停当，看会儿电视，小孩睡着了，差不多就到11点了，没啥事了，就开始做游戏了。

哎，这下就糟糕了，老公为此向"东亚病夫"迈进了一步。因为，子时是我们肾功能排毒回流的时候，而肾是我们身体里面的发动机。性活动干扰了肾的运作规律。

有的人便秘，以为是肠道的问题，其实很多时候并不是肠道的问题，是整个内脏器官的运作力量不够，推动能力不足导致的。也或者说是人体电压不足导致的。肾的功能不强劲，带不动脏器运行。发动机力量足的话，脏器就循环得好。

第四条，性活动时心气未至而伤血

心气未至是指准备动作做得不够，就如一辆汽车，被你发动起来几秒钟内，就提速到100码。因为整个性活动的过程是非常消耗体力的，就是说，你的心气还没有做好准备，就直接进入冲刺状态了。

这种伤血的状态，医学上没法检测。但是现象很明显，这个人一点热情都没有，一点激情都没有，一点活力都没有，对什么都提不起精神。你就知道他前一段时间的性活动有问题，身体的性能坏了。就如人，还没睡醒，就被你拉来跑百米冲刺，慢慢地他的性能就不行了。

所以，不要心气未至就做爱，长此以往会伤血。

第五条，肾气未至伤骨

这也是《寿康宝鉴》里面说的。同样是说，如果没有做充分的准备就做爱，肾气未至致伤骨。

伤骨是什么意思呢？伤骨骼，这也是医学所不能检测的，医学指标上没有这一项。医学上没有办法通过检查，证明你肾气不足，但它表现为人没有刚性，做事没有魄力和霸气，胆小怕事。

第六条，肺气未至伤筋

同样，所谓的伤筋，在医学上也没有指标，无法检测。但人有明显的表现，即整个身体没有柔韧性，一不小心就闪了腰，一不小心就骨折了。身体没有柔韧性，是肺气不足的缘故。

还有，凡事没有耐心。整天那个着急啊，吃饭嫌出菜慢，跟人吵架；飞机晚点坐立不安，骂骂咧咧；开个车，不停按喇叭；排队买个票，恨不得别人都让他。

一个人没耐心，会发生很多问题。有时候，夫妻的关系没坏得那么严重，之所以结果不好，是因为男女双方没耐心。

2010 年的上海世博会，结结实实地让我们好好地学了一回排队，你排一个人两个人都急得不行，现在让你排 8 个小时，只为看一个国家的场馆。

一年春节，广州白云机场，几个人因为飞机晚点被拘留，没有回家过年——因为天气的原因，大量航班晚点，几个人就到航空公司的柜台交涉，最后与对方打起架来。

耐心关乎我们的生命质量。很多事情本来挺简单，因为没有耐心，越弄越复杂了。

第七条，小便 15 分钟之内绝对不能进行性活动，男女都一样

我猜大家完全没有想到这一点，而且很多人就是 15 分钟内做的。每个人小便一次，要调动全身的力量。小便一次也等于身体的一次冲刺。如果在 15 分钟内就进行性活动，相当于你让一个人连续两次冲刺。

所以间隔 15 分钟，让整个身体机能恢复一下。我在这里说这些，是怕你未老先衰，是希望你这一辈子，千万不要把半辈子挣的钱送进医院。

如今的情形是，人们到医院送钱是非常情愿的，而对学习的花费是非常不情愿的。

买一辆车都要认认真真看使用说明书，而对身体这个如此神奇、如此精密的仪器，却从来不学习使用它的方法。人类的悲哀莫过于此。

第八条，阴天下雨不能做爱，初一十五不能做爱

因为人是天与地之间的一个存在，需要顺应天地运行的节律，与天地的磁场相吻合，才能让天地的养分来滋养和帮助我们。

性活动还有一个重要方面，就是创造孩子。

如果你们在这段时间内想要孩子，那做爱的时间必须放在白天，不能在晚上。最好在早上 6 点钟，整个大地的阳气往上升的时候，那一天最好是出太阳的晴天，天气晴朗，风力不超过四级。女主人隔夜就要听好天气预报。在睡眠充足的情况下，第二天早晨醒来，精神饱满，慢慢从前戏开始。

如果你想要创造一个非常优秀的孩子，就必须严格遵守这些规定。这不是在跟你说书，也不是跟你开玩笑。

第九条，如何保证老公五感在美的状态

如果是要孩子的阶段，女人要做到，床上用品手感要好，要漂亮；香薰沐浴，房间里面插鲜花，放曼妙的音乐等，目的是让老公五感都佳。

在要孩子的阶段，太太要做准备，怀着爱和耐心做准备，而不要让老公做准备。太太要掌握性活动的时间，因为你要对孩子的聪明健康负更多责任。照着这些流程去做，怀孩子的种子饱满，体能旺盛，一切俱佳。

第十条，夏行冬藏

春天和夏天，性活动可以频繁一些，而秋天和冬天，性活动尽量减少。

改革开放以后，曾经有一个机构，作了多年的调查，查当时各大名校的研究生们的生日，发现80%得胎是在三月、四月，也就是春季时节。

多数动物都有发情期，发情期是在什么季节？是在春天，物种延续在春天是最好的季节。动物都知道优化后代，可是，因为上帝造人的时候，没有限定发情期，所以人类就少了个心眼，一年四季都在放肆地做，但是，我想提醒你的是，准备创造孩子的时候绝不能马虎。

第十一条，每年当中至少一次，21天或者49天不做爱，让整个身体做一个大的回流

就好像每家每户，每年会在一个时间，做一个大的整理——东西该洗的洗，该晒的晒，该收的收，该扔的扔。

身体也一样，每年也需要一个时间段，加以整理和消化。做小的整理需要21天，大的整理需要49天。直到你身体的每一个细胞都已恢复元气。

好了，不管你做得到做不到，请你抱着对生命负责的态度，尊重生命和身体的运作规律。

第十二条，性的行为可以让心里开出很多花，会有感动

如果每一次的做爱，不是这样心里开出很多花来和有感动，你要反省，因为你在消耗生命中不可弥补的部分。

如果你们两做完了，好开心，好想唱歌，这就对了，生命就是要在这样的轨道上运行。如果你看着老公早晨唱着歌出门，那就代表，昨天做得好，就照这种方式。

性爱可以让人们心里开出很多花，而且有感动，这是我们要提倡的性爱。

做妻子的智慧

108

男人引以为鉴的

我们常常说，这个人怎么福气这么好呢？谁说是他福气好？是他做了一些努力。在发达国家，结婚的双方，会去做 10 个小时的婚前咨询，这就是努力，为将要开始的生活——下一段生活的努力。这比婚前体检重要得多。

接下来呢，我们来讲一个故事，说明我们怎样来使用性能，这里有一些事项需要提醒先生们。

德国的海林格，研究了一个完整的心理学分支系统。海先生今年 86 岁了，一次大型的课程上，国内的一个老板找他为自己做家庭系统排列。

海林格问广东老板："在你的生命中发生了什么问题？"

老板说："我请教一下。我有个女儿，3 岁了，不会讲话。这是什么问题？"

海林格看着他的眼睛，说："是你亲生的吗？"

老板愣了一下："不全是。"

原来，这个女儿是老板跟另一个女人生的，他自己有太太，有两个孩子。老板跟这个女人私通了十多年，女人曾经怀孕打胎多次，这一次女人又怀孕了，不想再打胎，就跟老板说，我都三十多岁了，半老徐娘了，这辈子也不想嫁人了，只想要个孩子陪陪我。话说到这个份上，老板就答应了她，生下了这个女儿，3 岁了，还不会讲话。

海林格于是帮他做家庭系统的排列，看看家庭系统中，到底哪一个环节出了问题。在他的家庭系统中，有太太，有一个儿子，一个女儿，这是一支。

这一支上，还有太太曾经打胎打掉的两个孩子。

家庭系统中的第二支，就是这个女人和她 3 岁的女儿，还有十多年打掉的 10 个孩子。

这时，海林格问老板，还有吗？

他说："还有我们工厂的一个下游单位，里面有一个女孩子，很能干，在两个单位之间协调事情，我跟她有关系，我记得她曾经打胎打过三个小孩。"这是老板家庭系统中的第三支。

"还有吗？"

"还有，是我们工厂的一个上游单位，供货给我们，里面有一个女孩子，很会做事，很懂事，积极能干，我跟她有关系，她告诉我她曾经为我打胎两次。"这是老板家庭系统中的第四支。

"还有吗？"

"还有就是，我在上大学的时候，谈过一个女朋友，四年大学，她为我打胎两次。"这是老板家庭系统中的第五支。

"还有吗？"海林格问。

"还有，还有……"

老板说不下去了，也不想再说下去了，他已经哭得不行，出了很多汗，已经分不清他脸上的是汗水还是泪水了。

其实，这个 3 岁女儿是一个先天的自闭症患者，按海林格的理论，这个孩子是带着 19 个冤魂出生的。

海林格问："你还有其他事需要说明的吗？"

老板说："不想再说了，说不出来了，没有脸面说下去了。"

老板看着 19 个孩子的代表躺在讲台上，3 岁女儿的代表在 19 个躺着的人里面走来走去，还能说什么呢？自己曾经做的事，用场景摆出来，把老板吓着了，在场的其他学员也都目瞪口呆、毛骨悚然。

你可以选择相信，也可以选择不相信，但那一刻对自己生命的警醒是

巨大的。

在中国内地，每年打胎的数量是多少呢？ 2008 年大约是 1000 万个，2009 年大约是 1100 万个，2010 年上升到 1300 万个，2011 年则达到 2000 万个。一个用肉眼看不见的受精卵，生命的一切讯息都已具备，胎儿真的就可以随便打掉，而不会对人类产生影响吗？

所有的学习，不就是为了警醒自己的生命，提升自己的生命吗？

让自己干净一点，高贵一点，有钱也不能滥用性能。

任何美的东西进入我们的生命都要努力。

也许前面说的十二条，你觉得做起来很难，那么，就看你对自己的期待了。任何东西进入我们的生命，都需要我们付出一定的努力。这个世界上，除了空气和阳光可以免费获得，其他都需要经过自己的努力。

我们常常说，这个人怎么福气这么好呢？谁说是他福气好？是他做了一些努力。在发达国家，结婚的双方，会去做 10 个小时的婚前咨询，这就是努力，为将要开始的生活——下一段生活的努力。这比婚前体检重要得多。

这里面其实还有更多的要学习。不流动的死水会腐臭，何况我们的心灵和大脑呢！如果没有新的知识进来，心灵和大脑也会逐渐腐烂。

　　有人说，我是大学生、研究生，我什么不懂？不需要再学习听培训，一辈子都不需要。我想说的是，旧的知识只会障碍你，每天刷两遍牙、洗一遍头的人，记得把这颗心也拿出来洗一下，把那颗脑袋打开晒一下。

　　这是我深深的祝福。

做妻子的智慧

第五章

男人的需求 女人的需求

　　一个用心生活的人，可以获得智慧；所谓获得智慧的人，就是永远不觉得自己重要；他心中有一种祥和，是真有境界的祥和，但他并没有刻意显示出那种境界。

　　这种境界，在了解人类、了解伴侣、了解身边的人的特性以后获得。他明白每一个人的需要，他看到了每一个人胸前挂的那块牌子写着"我很重要！"

　　而有的人的人生，莫名其妙地来了，无可奈何地活着，稀里糊涂地走了。

　　生命就是关系，关系就是生命。好的生命就是因为有了好的关系。好的关系靠观察和了解。这一章，是一项完整的夫妻间相处的技术，掌握了这门技术，你的情商就趋于完整了。

了解需求

你的夫妻关系，没有好到舒服、自在的程度，代表你对另一半的需求，是不够了解的。通过我们对无数对男女的了解和测试，及格的还很少。

做妻子的智慧

男女不同，需求就不同。

男人需求和女人需求到底有哪些不同，这又是一个很大的问题。有很多需要学习的内容。

你的夫妻关系，没有好到舒服、自在的程度，代表你对另一半的需求不够了解。通过对无数对男女的了解和测试，我们发现能够及格的还很少。

了解需求是关系的第一步。现在正是 80 后、90 后结婚的高峰期，他们大部分是独生子女，家里六个长辈都在几乎无条件地满足一个孩子的需求。那么，当爱情发生的时候，能想到去了解和满足对方的需求吗？

114

也许你主观上并不愿意美好的爱情坏在互相不了解上，也许你并不愿意因为自己的疏忽而结束一段感情，那么就来看看这一段吧。看了这一段，你至少可以减少很多麻烦。

下面的十项是男女的不同需求：

对方钦佩自己

听你倾诉

配偶有吸引力

对家庭有承诺

温情、浪漫和慈爱

性满足

能玩到一块

忠诚与坦率

相夫教子

经济支持

大家猜猜看，这些项目中，哪些是男人对女人的需求？哪些又是女人对男人的需求？

对方钦佩自己

> 对方钦佩自己，是女人必须钦佩男人，尊敬他，崇拜他，尊崇他为天。你不能没事就骂他，你如果经常骂他"没出息""找你这种人真倒霉"，你就彻底破坏了他。

第一条需求——对方钦佩自己。这一条是男人的需求。

《圣经》上说，两性关系其实很简单。简单到什么程度呢？简单到你用四个字就概括了。哪四个字呢？男人对女人永远要两个字——"宠爱"；女人对男人呢？永远做到两个字——"尊敬"。对方钦佩自己，是女人必须钦佩男人，尊敬他，崇拜他，尊崇他为天。你不能没事就骂他，你如果经常骂他"没出息""找你这种人真倒霉"，你就彻底破坏了他。

《第 33 期女人的智慧训练营》上，有学员问："陆老师，那他实在没有值得我钦佩的地方，怎么办？"

那这个事情也只有问你了，当初你怎么就找一个没有任何地方值得你钦佩的人出嫁呢？

学员回答："我当初嫁的时候，他是有很多优点的，可现在没有了。"

那你更要检讨自己了。自从跟你这个女人在一起，他的优点就不见了，这是怎么回事呢？

所以，不管现状如何，现在就开始钦佩他，没有的话，找些蛛丝马迹也要钦佩他。一段时间之后，他就越来越成为你所钦佩的样子了。

看到这里，不要说相信还是不相信，先做起来，三个月后再做总结。

听你倾诉

太太在抱怨的时候，为了让事情变得简单，老公有一个最好的处理方法，就是从她后面抱住她，不要动，就这样抱着，抱三分钟以上。然后，你再看太太，她已泪流满面，这样你至少可以少听一万字的唠叨。

第二条需求——听你倾诉。这一条是女人的需求。

男人在爱上一个女人之前，一定要了解女人的基本特点。女人很重要的一个特点就是"唠嗦"。

当然，不唠嗦的女人也是有的，但你跟这样的女人在一起，有时候很恍惚，心里总有一个疑问：她到底是不是女人？

所以对待女人的这个特点，要有策略。策略就是，听她倾诉，男人要有耐心，不要嫌她唠嗦，越嫌她唠嗦，她越唠嗦。这是人的情绪运行的法则。只有倾听，才能让女人从唠嗦变为不唠嗦。

　　女人最讨厌男人拿一张报纸，躺在沙发上没完没了地看。女人在一旁说，男人用三个字对付"嗯……啊……喔"，女人以为男人没听明白，就继续说。男人拿着报纸就是为了不听，结果越听越多，于是彼此可能发生争执，不欢而散。

　　我教男人一个秘诀，面对女人的唠叨，你最不能说的是："烦死了，你说了多少遍了。"

　　你要说："好的，知道了，我了解，我明白。"

　　其实，男人只要用那么三分钟的时间认真面对一个太太的倾诉，看着她的眼睛说："你是对的，还有什么？"

　　你至少可以少听三千字的唠叨。

　　太太在抱怨的时候，为了让事情变得简单，老公还有一个最好的处理方法，就是从后面抱住太太，不要动，就这样抱着，抱三分钟以上。然后你再看太太，她已泪流满面，这样你至少可以少听一万字的唠叨。

　　强调一下——让女人心花怒放是男人的责任。

　　女人还有一个习惯，就是翻旧账，喜欢把多年前的事，无数遍地翻出来说。男人一定要明白，不翻旧账，就不叫女人了。男人要学会从容地面对女人翻旧账。

听她翻完旧账，你"嘻嘻"一笑，看着她说："老婆，你是对的，我是错的。"一切就都归于平静。如果面对老婆翻旧账，你恼羞成怒，你就不能算男人。

我自己也经常跟老公翻旧账，有一个旧账，翻了23年，还在不停地翻，我的女儿听得都会背了。

我唠叨我生孩子的时候，老公居然不在场，而在家里睡觉。第二天一大早，我生好了，他来了，拿着早饭，去待产室找，没找到我。好不容易找到了，早饭不能吃了，因为生产了就不能吃这么咸的了。生孩子这么重大的事情，老公不在场，我当然要翻旧账，我太有理由啦。

因为孕期准备工作做得充分，我天天散步两小时，所以生得太快了，医生和老公都没想到这么快。那我也要翻23年，并且继续翻下去。因为我心里还有阴影没解决呢！

那天，我要生了，医生一看，这太快了，消毒都来不及，上产床20分钟就生好了。那是深夜3点20分，生好了没有人抬我。找不到家人，医生就骂骂咧咧地说："怎么搞的，生孩子都没有人管。"这句话成为我的心理阴影。

医生找了几层楼，终于找到两个看护媳妇的老太太来抬我下床。两个老太太一边抬我一边说："怎么这么重啊，怎么这么重啊，她到底生了没有啊，肚子还这么大。"这句话也一直是我的阴影啊。

这样的事，你说能就此罢休吗，能不翻旧账吗？当我翻到2011年的时候，那一次，我老公耐心地又一遍听完，认认真真看着我的眼睛说："那么，老婆，你说，这件事，我要如何弥补呢？要不，我们再生一个孩子？"

我忽地一下站起来，说："哼，再生一个，也无法弥补我生囡的时候心里所受到的创伤。"

你看，多无理，多霸道！一个活到 50 岁的人，一个认为自己是永远学习和进步的人，一样是那么的唠叨、啰嗦和无理取闹。

这就是女人的特性——当男人在接受女人温柔贤惠的同时，还要大度地接受她非常的唠叨和翻旧账。

配偶有吸引力

是啊，你是自由的，但你从现在开始，就多一个心眼吧：要让自己看上去感觉好一点，干干净净的，整整齐齐的。为自己的身材、气质负点责任，别人才有可能为你负责啊。

第三条需求——配偶有吸引力。这一条是男人的需求。

男人多半是视觉型的，所以配偶要有吸引力。视觉型的人，走在大街上，不由自主地去看身材曼妙的女人。

男人和女人一起逛街回来，女人说："你今天上街，为什么看那个大胸的女人？为什么看那个身材好的女人？盯着看，眼睛都直了！"

为这个吵，是女人不懂事，因为这是男人的天性。他不由自主会被美丽的东西打扰，不由自主会去看。我们只有保持自己的吸引力，我们无法阻止别人去看什么。

香港的女人说，女人为身材而活；内地很多女人说，我为美食而活，身材我才不管，因为我老公是一个负责任的男人。

是啊，你是自由的，但你从现在开始，就多一个心眼吧：让自己看上去感觉好一点，干干净净的，整整齐齐的。你只有为自己的身材、气质负责任，别人才有可能为你负责啊。

衣服穿时尚一点，衣服里里外外，保证每天都换。如果你实在没有钱买衣服，只能买一件，那就请你买两面都可以穿的，今天穿这面，明天穿那面，千万不要几天都同一个样子去示人。

配偶有吸引力，老公就冲出去工作，你的形象是老公的动力之一。

对家庭有承诺

> 犹太人在男孩子 13 岁的时候，要举行一个成人礼。成人礼的一个重要环节，就是告诉他，你要对自己负起责任，为学习和成长负起责任，过几年要对家庭负起责任。

第四条需求——对家庭有承诺。这一条是女人的需求。

男人就是责任。挑起家庭责任的男人，就是好男人；挑不起的话，自己都看不起自己。

生活中会发生很多事，会出现很多矛盾。如果在这之前，男人是一个负责任的男人，一切都能原谅。

女人对结婚的准备，是相夫教子，担起"主内"的责任；男人对结婚的准备，是担起家庭的责任，家庭经济的责任，"主外"的责任。

现在，女人们培养儿子，重点就是要教导他们承担责任。犹太人在男孩子 13 岁的时候，举行一个成人礼。这个成人礼的一个重要环节，就是告诉他，你要对自己负起责任，为学习和成长负责任，过几年要对家庭负起责任。

温情、浪漫和慈爱

一句温情的话，可以杀死无数癌细胞。女人嫁给你，你要为她的幸福和健康负全责。做法其实挺简单：在现在的基础上，温情一点点；在现在的基础上，浪漫一点点；在现在的基础上，慈爱一点点。拜托了，你的太太，让我们可以放心地交给你。

第五条需求——温情、浪漫和慈爱。这一条是女人的需求。

女人需要温情、浪漫和慈爱，男人对此有时很难懂。因为，女人是感性的动物，男人是理性的动物。

快到结婚纪念日，女人说："我希望得到一束花。"

而男人说："还不如我买个老母鸡回来，做汤给你吃。那不是更好吗？"

什么叫"不解风情"，这就叫不解风情。

而有的女人，看见男人买花回来，说："干嘛买花啊，还不如买点瓜子呢！"其实她心里很满足，这叫"口是心非"。所以男人觉得累，因为听话要听音的，要没这本事的话，常常丈二和尚摸不着头脑。

女人一边说买花是浪费，一边跟闺蜜说："你知道吗，我老公在结婚纪念日，买玫瑰花送我，我都幸福得不知东南西北了！"

把这样的事情去跟别人讲，是女人最满足的表现。中国人不喜欢当面表扬人，心里满足得溢出来了，就溢到别人那边去，忍不住去讲，讲的时候是一脸的幸福模样。男人要懂得做一点事，让女人有机会去朋友那里显摆显摆。

男人懂得温情、浪漫和慈爱，是成熟的表现，是爱护太太。女人40岁后生妇科疾病，很大程度上是因为男人不够温情、浪漫和慈爱。《两性相处的智慧》这堂课，男人要多听，听了以后多去做。

一句温情的话，可以杀死无数癌细胞。女人嫁给你，你要为她的幸福健康负全责的。做法其实挺简单：在现在的基础上，温情一点点；在现在的基础，浪漫一点点；在现在的基础上，慈爱一点点。拜托了，你的太太，让我们可以放心地交给你。

性　满　足

居然是这样的结果，日本女人都学过心理学吗？知道怎样从心理上去抓住男人？还是真心地期待老公开心每一天，顺应自己身体的自然需求呢？

第六条需求——性满足。这一条是男人需求。

要求性，是男人的本性。需要性，对男人来说，就是饿了要吃饭，而女人在上面则赋予了它很多很多的意义。这是男人与女人很大的差异。女人把性看得太神圣，男人把性看得太平常。

说开一点，远一点。

当我们发现一个国家很发达、很富有、很霸道，那我们就去研究这个国家发达、富有、霸道的原因。

在我们的隔壁，就有这样一个国家——日本。日本女人基本上一结婚，都成为全职太太。调查全世界的孩子们，钦佩妈妈的，日本比例最高。日本男人的工资卡、奖金卡，公司都是直接交给太太的。老公最尊敬的，也是自己的太太。太太拿着老公的卡，满世界旅行，全世界各个角落，都可以看到穿得花花绿绿的、鲜艳无比的日本女人旅游团。

这让我们很吃惊。我做了很多年的研究，有一个事让我久久无法忘记。

日本女人可以做到什么程度？老公出差，全由太太准备出差用的东西。老公出差一个礼拜的话，她为老公准备盥洗包，在帮他准备的盥洗包里面，除了牙膏牙刷之类，一定放一包避孕套。你能想象吗？中国男人一出差，很多女人穷追猛打，设陷阱，查通话记录，想要了解老公跟谁在一起，生怕老公做对不起自己的事，对男人来说，太太成了无孔不入的间谍。

日本女人这样做，实在令中国女人难以想象。日本女人认为，出差要一个星期呢，那就会"饿"，"饿"就要吃饭。饿了可以吃，但一定要吃得安全。于是，她们就在男人出差用的盥洗包里放进避孕套。

对这件事情，日本男人是这样说的："我出差到外地，太太帮我准备东西。东西准备得总是非常精致、样样齐全。当我忙了一天以后，回到了酒店，打开包准备盥洗，赫然看见里面有包避孕套。我突然间感觉到浑身

发麻：我的太太太贤惠了，我太感谢她了。这样的话，我绝对不在外面'吃'，我情愿'饿'着，一定等到回家再'吃'。"

听到这里，我长叹一声："哎——"

结果居然是这样。日本女人都学过心理学吗？她们是怎么知道从心理上去抓住男人的呢？还是真心地期待老公开心每一天，顺应自己身体的自然需求呢？

在我咨询的个案中，常常听到我们中国的女人用性来惩罚男人：

"老公，你晚回家，我就不让你碰我！"结果，把老公推出去了。

"老公，我和孩子睡，孩子需要照顾，你睡另一个房间去。"结果，老公另外找人"照顾"了。

能玩到一块

> 就算你去了，老公的朋友们一看，你是个拆台的。
> 他们也议论，说这位老婆啊，真难说话，有她在，我们
> 真没法喝。在外面这样，在家的话，可想而知，这个男
> 人过得有多辛苦。

第七条需求——能玩到一块。这一条是男人的需求。

能玩到一块，这一条解释起来有点难，男人要求女人和自己能玩到一块。

比如说，结婚了，老公把你带到喝酒的朋友圈中，你去了两次，每次都是这样做——老公在喝酒的时候，你一直在旁边说："你少喝一点，少喝一点。"

你跟老公的朋友说："他不会喝酒。"其实朋友聚会，跟会不会喝酒

没有关系。

回到家，你不停地数落他："叫你不要喝，你还喝，叫你少喝一点，就是不听。"

下一次，老公又叫你去，你说："我才不去呢。我还不知道你那些狐朋狗友，到一起就往死里喝。"

就算你去了，老公的朋友们一看，你是个拆台的，他们也会议论说，这位老婆啊，真难说话，有她在，我们真没法喝。在外面这样，在家的话，可想而知。你这个男人过得有多辛苦！

就这件事情，你们就玩不到一块了，下次喝酒他不再找你。

你知道，普遍的社会现象是，在酒桌上，带太太的少，带非太太的多，为什么？就是因为非太太对老公没那么多的限制，太太的出现太伤氛围了。

于是，喝酒一定找非太太陪，那到底谁把太太的地位给丧失了呢？太太自己。就因为你在酒桌上不能自如，你不在，他不也是喝那么多吗？所以你为何就不能自如一点呢？

正确的做法是，你在酒桌上面，一定要嫌老公喝得太少，你发自内心地说："老公，喝啊，喝啊，朋友在一起难得啊。来吧，我陪你喝。"

其实，老公知道你的内心，是不希望他喝多的，但饭桌上，你一定这样说："老公多喝点，为朋友喝多一点，喝点酒算什么啊？车我来开好了。"

老公看着太太懂事，也没多喝，朋友们看着你懂事，也没让你老公往死里喝。

这样做，就玩到一块了。下次老公带非太太出现，朋友们都会说："老兄，你不能这样做，找到像你太太那样的，要知足。你这样做，我们不认你这个朋友！"

能玩到一块，还比如，男人爱看足球，而女人不喜欢看。不喜欢看不要紧，还批评、怒骂，甚至咬牙切齿，好像喜欢足球成了天大的罪过。这就叫玩不到一块。为此，老公又要找其他志趣相投的伙伴了。现在最不缺的就是人，既然玩不到一块，那就找能玩到一块的。

如果你不喜欢跟他喝酒，不喜欢他看足球，那他就越来越跟你没共同语言。他回到家兴奋地跟你说一些事情，酒桌上的一些事情，朋友圈子里的一些事情，他刚开始说，你就来了："我不要讲，我不想听。你别跟我说。"

于是他在家里说话越来越少，因为说不到一块。你就这样丧失一块阵地，又丧失一块阵地。

其实，在你啰啰嗦嗦的时候，你不是也希望另一半饶有兴趣地听你说嘛，最好是撑着下巴听，边听边说："对哦，对哦，你说得对哦，太有趣了，太好玩了。"

你试着跟他一起看看足球吧，看不懂的地方，就向他请教："老公，什么叫'越位'啊？"你就一遍一遍地问，因为女人下辈子也不一定能把越位看懂。

忠诚和坦率

其实男人很坦率很忠诚，只是这不能讲，那不能讲，就显得不忠诚不坦率了。如果有一些事，太太不是从老公那里听到，而是从别人那里听到，那就严重地不忠诚不坦率了。

第八条需求——忠诚和坦率。这一条是女人的需求。

女人总是希望男人要忠诚，并且坦率一点，而男人觉得坦率很难做到，因为有的东西不能跟太太讲，怕太太担心。

女人多半心重，所以男人常常选择不讲。事业遇到困难了，不讲；在外面跟一个人吃饭，本来没有什么，讲了怕太太误会，不讲；有的事男人特别想做，但如果征求太太的意见，她一定不同意，不讲；男人想给母亲多一点钱，怕太太心疼不愿意，不讲。

男人的不忠诚和不坦率，多数是由误会引起的。

其实男人很坦率很忠诚，只是这不能讲，那不能讲，就显得他不忠诚不坦率了。如果有一些事，太太不是从老公那里听到，而是从别人那里听到，那就严重不忠诚不坦率了。

中央电视台的春节晚会上，经常有一些小品是表现这个主题的：一个男人，介于过去的一段情，帮以前的女朋友送孩子和煤气，很害怕太太知道，结果最后还是让太太知道了。因为没有事先打招呼，事情就弄复杂了，很难处理。

其实，太太也不是不讲道理，但你不能做得那么偷偷摸摸。以前的女朋友有困难，帮一下忙本来无可厚非。但事先没说，问起来还不承认，事情就变质了，就不是简单的帮忙的性质了。这件事，男人在认识上有误区。

比如，给婆婆的钱，是老公给，还是让媳妇给？老公认为老婆肯定舍

不得，于是就偷偷去塞钱。这代表什么呀，看上去是儿媳妇不懂事，其实成因多半是老公没有把事情说清楚，没有把话说透。同样是给钱，钱由儿媳妇大大方方交给婆婆，多好呢！

曾经看过一部电视连续剧，叫《王贵与安娜》，其中有这样一个情节：王贵要贴家里钱，让安娜帮他老家卖了一车的梨，然后王贵还要求贴老家钱。王贵不停地、轻轻地、示弱性地跟安娜念叨："你再给我妈点钱吧。"王贵知道安娜心软，虽然她嘴巴上说："你家里怎么一天到晚要钱。"但她还是懂事的，还是会给的。

所以明明白白说，是最好的途径。这就是女人要求的忠诚和坦率。

相夫教子

> 如果你嫁给他的时候，他还是一个普通员工，几年以后，他做了小组长，这就是"相夫"很成功；如果再过几年，因为你默默的支持和鼓励，他成车间主任了，代表你这几年的"相夫"更成功。

第九条需求——相夫教子。这一条是男人的需求。

"相夫教子"，是男人要求女人。"相夫"是什么意思，就是帮助老公成就事业，做老公的宰相，而不是整天数落他。

如果你嫁给他的时候，他还是一个普通员工，几年以后，他做了小组长，这就是"相夫"很成功；如果再过几年，因为你默默的支持和鼓励，他成车间主任了，代表你这几年的"相夫"更成功。

如果你嫁给他的时候，他原来是车间主任，几年以后他变成小组长了，那他娶太太是娶错人了。

你不是到人家家里去享受一切的，你是去"相夫教子"的，你是去帮助老公成就事业的，你是去教育未来能顶天立地的孩子的。

经济支持

> 在经济上，如果男人不是占主要地位，那么夫妻关系有时候就很微妙，女人在家里很难讲话，一不小心就会伤害到男人的自尊心。

第十条需求——经济支持。这一条是女人的需求。

男人要在经济上对家庭有支持。男人"主外"，对事业要有追求。如果在经济上男人不占主要地位，那么夫妻关系有时候就很微妙，女人在家里讲话不小心，就可能伤害到男人的自尊心。男人有英雄情节，经济上不占主要地位，又如何做英雄呢？

经济决定地位，所以男人要好好努力。所有的事业，一开始都是苦的和难的，只要坚持五年做正确的事，就可以阳光普照。

需求排序

很多女人说男人是沉默的。大家回忆一下，谈恋爱的时候，是谁说的多？都是男人在说嘛，他不是挺能说吗？那叫"讨好"。那一结婚呢，反过来女人说男人听，那叫"唠叨"。结婚之前，男人说女人听；结婚之后，女人说男人听。第三阶段呢，是两个人一起说，隔壁人家听。这代表两个人走到吵架的阶段了。

十条需求说完了，其实这十条需求是有顺序的。十条需求，女人的需求占五条，男人的需求占五条。按重点排序，第一需求，第二需求，第三需求，第四需求，第五需求。第一条是最被重视的，第五条是最不被重视的。

先看女人五条需求的排序：

第一，温情、浪漫和慈爱

第二，听你倾诉

第三，忠诚与坦率

第四，经济支持

第五，对家庭有承诺

再看男人五条需求的排序：

第一，性满足

第二，能玩到一块

第三，配偶有吸引力

第四，相夫教子

第五，对方钦佩自己

女人需求第一条是什么？"温情、浪漫和慈爱"，男人如果懂得这个，可以少吃很多苦，少走很多弯路。这也是为什么好多看上去很优秀的女人下嫁的原因。因为这个男人懂她，他读懂了女人的这个密码，他懂得温情浪漫地对待女人。

中国夫妻中缺少一个保养品——爱抚。爱抚是在日常生活中被忽视的。因为夫妻之间没有爱抚了，舞厅、OK厅里就多了爱抚。很多人把婚姻当成了一道门，进了门就达到目的地了，进了这道门就不再往前走，当初恋爱中的做法都搁置不再使用了。

所谓温情、浪漫和慈爱，并不是指性，它跟性是无关的。性和性爱之间有很大的区别。

那女人的第二条要求是"听你倾诉"。男人啊，你就不能耐心地听听女人的诉求吗？这是让女人快乐的一条捷径。当太太说的时候，你一定记得要发自内心地跟她说："你是对的。还有什么？"

男人一定要解风情，一定要知道玫瑰花有什么样的作用，也一定要懂得在一个浪漫的地方办两个人的红酒晚会，时不时地给她一些惊喜；同时要懂得拥抱的作用，拥抱她，拥抱三分钟，一切矛盾都化解了。如果夫妻生活中少了这些元素，两万多天的日子还是有点漫长的。

接下来看男人需求的排序。

男人的第一需求是"性满足"，特别是年轻的夫妻。太太不要矫情，不要用性来惩罚男人，不要再做这种愚蠢的事。性不能用来作为女性奖励和惩罚男性的手段。

去年，一位英国的大学教授，经过几十年的研究，写了两本书，一本叫《性之外男人在想什么？》，一本叫《性之外女人在想什么？》，第一本书共 200 页，第一页写的是性，后 199 页全是空白。第二本书，第一页写的是性，后 199 页是百科全书。意思是，男人在性之外什么也不想，而女人在性之外把全世界想了一遍，想的东西相当于一本百科全书。这两本书，极其幽默地道出了男人和女人的不同。

男人的第二条需求，是"能玩到一块"。能玩到一块，对男人来说十分重要，他玩得兴致高的时候，一定要跟你分享。但是你不愿意听，他那么激动地来跟你分享他快乐的东西，你却不愿意听，于是他在家里就越来越沉默了。你觉得男人是沉默的吗？很多女人认为男人是沉默的。大家回忆一下，你们谈恋爱的时候，是谁说的多？都是男人在说嘛，他不是挺能说吗？

那一结婚呢，反过来了，女人说男人听。结婚之前，男人说女人听；结婚之后，女人说男人听。第三阶段，是两个人一起说，隔壁人家听。这代表两个人走到哪个阶段了呢？很明显，走到吵架的阶段了。

男人的第三条需求，是"配偶有吸引力"。所以你要保持你的魅力，保持你在美的状态，这是对生命的尊重。现在很多城市的街道，像我居住的城市江苏常州，非常美，非常安静，非常干净。而当你一走到街上，妨碍了这个城市的美丽，妨碍了这个城市的安静，也妨碍了这个城市的干净了。一看到女人穿成邋遢的样子出来，男人不说死的心都有吧，反正奋斗的动力会严重不足的。

怎么可以让自己的审美观停留在如此糟糕的程度上呢。还有一些人，出门还算整洁，在家穿的像出土文物一样。所以很多男人在家总看见"出土文物"在面前晃来晃去，一出门就看见一个个美若天仙。对比度实在太大，难免让视觉型的男人想入非非。

举个例子，女人是这样：非常认真地在家里拖地；上着班呢，一看领导不在，就偷偷跑回家拖地。每天把地拖得干干净净，可忘记洗洗脸了。老公回来了，她就跟老公说："我都忙了一天了，你也不看看我。"

老公于是就认认真真地看了她一眼，这一看不要紧，魂飞魄散。

因为地板很干净，她脸上很不干净。魂飞魄散之余，老公想起自己办公室里的小王，一对比，这就麻烦了。

男人的第四需求是"相夫教子"。"相夫教子"这一条居然排在第四位，这是我们没有想到的，我们以为它会排在第一位。这又是我们认识问题上的一大误区。其实，前三项做好了，怎么可能做不好"相夫教子"这一项呢？另外，这一条更加证明两性关系是第一关系；这个排序也证明，男人最关注的还是夫妻两个人的关系。

这一章，我们讲的是"男人的需求"和"女人的需求"。你现在就依据上面所讲的，拿出一张纸来，为自己的亲密关系打一个分。每一项0分至10分，你看你是多少分。做得很好的，为自己打个8分，做得不好的，给自己打个2分，想都没想到过的，给自己打个0分。打分的目的，是看看自己还有多少上升的空间。

需要提醒的是，在改变的时候，千万不要怕吃亏。改变自己看似吃亏，其实一点儿也不吃亏，或者说，目前吃点亏，今后并不吃亏。

不相信你做起来看。

第六章

夫妻关系中的存款和取款

人生应该怎么过，什么组成了人生的全部？

你看电视两个小时就是两个小时的人生，你旅行 10 天就是 10 天的人生，你上网玩游戏 7 个小时，就是 7 个小时的人生。所以，你经历多宽，人生就多宽；你经历多深，人生就多深。因此，我们要过一个不一样的人生，就直接去经历与众不同的经历；要过一个丰富的人生，就直接去丰富自己的经历。人生是你经历的总和。

别人痛苦 1 小时，你痛苦 100 小时，你的 99 小时活在大脑虚幻的痛苦情绪中，而别人是你 99 倍的人生。

你的行为在存款，那就是为未来打下好的基础；你的行为是取款，那就为未来的不幸作了铺垫。当你选择了在情感账户存款，你就不可能同时取款。

在我小时候，家的后门口是一个大体育场，常常听到运动员跑步的发令枪响。"砰！"又一声发令枪响了，一群人开始跑步，几秒钟后结果就不一样了：有的人放弃，有的人坚持，有的人竭尽全力，有的人无所谓。

人生的每一天都是一声发令枪，有的人每天在存款，有的人每天在取款，几年后大家就非常不同了。

付出总有回报，用了总要还的

情感也一样，这个世界上只有空气和阳光可以免费获得，其他都需要经过自己的努力。也就是说，除了空气和阳光，世界以"付出总有回报，用了总要还的"的法则在运作。

男女关系中的存款和取款，是指在男女关系中，男人在女人情感账户上的投资和消耗，女人在男人的情感账户上的投资和消耗。

生活的法则是，你只有在银行先存了钱，然后当你需要钱的时候，就可以从银行里取到钱。如果你没有先在银行里存钱，当你急需用钱的时候，你是无法从银行取到钱的。

依据这个法则，我们就开始未雨绸缪，为以后的生活做准备——平时努力工作，先努力挣钱，将钱存到银行里，以备不时之需。

人类之间的情感也一样，当你付出了情感，付出了时间，在别人的关键时刻挺身而出，发自内心为对方付出情感，这叫往情感账户里面"存款"；当你发生困难，需要别人帮助的时候，别人也会帮助你、照顾你，并且也是发自内心，你接受别人的帮助，这叫"取款"。

现在银行的金融产品，有一类是可以透支的卡，你可以不存钱，先用钱，然后在一定时间内，还上你所用的钱。只要你在银行规定的时间内还上所用的钱，不需要支付利息。

为此，办一张银行信用卡，钱先用了再说的行为方式，多了起来。可是卡里的钱用了是要还的。当你到期还不上，那么利息之高，会让你付出沉重的代价。并且，这样的行为，将在银行留下不守信用的案底，影响今后你与银行的关系。

情感也一样，这个世界上只有空气和阳光可以免费获得，其他都需要经过自己的努力。也就是说，除了空气和阳光，世界以"付出总有回报，用了总要还的"的法则在运转。

这一章节，教你怎么来经营每天的生活。所有的学习，都为了落实到你每天的生活如何来经营。每天的生活感觉好，人生就很成功；每天的生活感觉不好，人生就是失败的。

一个悲伤的故事

在夫妻关系上，在你有能力付出、有能力"存款"的时候，你有没有尽量地、发自内心地付出呢？在家人的情感银行账户上，有没有无论大的小的、看得见的看不见的，都积累一些呢？

我们先来讲一个故事。

有一次电视台记者来采访，让我对一件真实发生的事情作一个评说。我试着从这个故事里，提炼出一些生活智慧来，给大家思考。

这是怎样的一个故事呢？话说在一个比较偏僻的农村，有一个男孩，长到二十多岁了，患先天性耳聋，他叫小强。在他们的邻村，有一个女孩，长到二十多岁，患先天性红斑狼疮，她叫小玉。这两个人，经过好心人牵线，相识了。

小强家怀着自己的目的——我的孩子是先天性耳聋，是家里唯一的儿子，如果他能够结个婚，生个孩子，我们就满足了。

小玉家也怀着自己的目的——我的孩子患先天性红斑狼疮，为了保持她的身体状况，家里每个月需要支付 400 块钱左右的医药费，长到 20 岁了，一直为她支付医药费，家庭经济不堪重负。现在，终于有一个家庭来负责承担小玉的医药费了。

这两家各怀各的心思，各有各的目的，于是两个人顺利结婚。

小强家条件不错，小玉嫁过去以后，婆家帮她在村上开了一个小店，让这个新娘子经营。小店经营得还不错，一段时间以后，婆家发现了一个现象：小玉每次进货总是向婆家要钱，而营业额从来没有交出来，也没有用于进货。但是婆家分明觉得小店经营状况很好，一定是挣钱的。

小玉整天要钱进货，那钱到底到哪里去了呢，婆家认为她把挣的钱贴补给她娘家了，有点不开心。

这时候，小玉怀孕了，婆家高兴得不得了，因为离婆家要的结果近了，婆家的梦想不久就要实现了。

怀孕了需要到医院检查，医生跟小玉说，红斑狼疮患者生孩子有生命危险，不行，不能生。小玉去了几次医院，每次都被医生数落："不要命啦，太危险了。"每次小玉去做围产期检查回来都很紧张，很害怕。

小玉心想：生孩子会危及到我的生命，我可不能舍命要孩子。被医生吓了几次以后，小玉偷偷地把胎儿打掉了，没有跟男方打招呼。这对男方家庭来说，打击太大了，婆家很生气。

更没想到的是，小玉在打胎的过程中被感染了，一段时间后成了尿毒症，很严重，每个月至少需要 2000 元做透析。本来是每个月需要 400 元，现在是每个月至少 2000 元，婆家也不堪重负了，并且，小玉前前后后的行为让他们也很不满意。

小玉每一次从医院里面透析回来，就要补充一些营养，因为肾功能差，排毒不好，所以平时吃得简单，透析排毒了，就要给身体一些营养。

做妻子的智慧

138

那天晚上，一家人坐在一起吃饭，吃得极其简单，看得出小玉很不高兴。她心想，明明知道我今天透析回来，也不为我做点好吃的。一旁的小强爸爸看出了小玉的情绪，于是说："我们家现在的条件，也只能这样了，我们实在吃不起什么好的了。我们怎么吃，你也就怎么吃吧。如果你不满意，也只有回娘家去了。"

小玉听了这句话，扭头就回娘家了。

电视上的最后一个镜头，是小玉躺在医院里，临死之前眼睛直直地盯着病房门口，看她的老公和婆婆会不会来看她。小玉的眼神里充满期待和无助，更有留恋和哀怨。

小强和他的家人最终没有来，小玉就这样带着期待、无助、留恋和哀怨走了。

记者问："我们能从这个事件中，得到什么启示呢？"

在夫妻关系上，在你有能力付出和"存款"的时候，你有没有尽量地、发自内心地付出呢？

在家人的情感银行账户上，有没有无论大的小的，看得见的看不见的，都积累一些呢？对老公、婆婆、公公、小姑，是否有所付出并积少成多呢？如果有，那么当我们需要取款的时候，他们念着你的好，为你付出，无怨无悔，也发自内心。

小玉在经营好一个店的时候，她没有付出，只有索取。如果一个月只挣 10 元钱，你也跟婆婆讲：这个月挣了 10 元钱，要不要给您？账本我放在这里，妈妈您随时可以看。让家人感觉到你对他们的尊敬，并由此表达你的真实，更让家人知道你的努力，为婆家的努力。

丈夫如何在妻子的情感银行存款

如果你是老公，你可以根据你的情况列下你可以做的存款行为。现在就请你拿出一个本子，写下你的存款行为：太太最希望你做的事，能让她感到骄傲和自豪的事，太太常常情不自禁跟朋友们显摆的事。

丈夫在妻子的情感银行存款的行为大致有以下这些：

早上给太太一个热情的拥抱；

替太太煮杯茶或咖啡；

主动理床；

晚上清倒垃圾；

送孩子上学；

善待太太的父母；

折叠家人的衣服；

赠送生日礼物；

供应家庭需要；

关注太太的身体状况；

为太太按摩；

说关爱欣赏的话。

……

很多太太，看到这里，跟我说："我老公情愿去死，也不会愿意做这些行为。给我一个拥抱，想都别想；说关爱欣赏的话，太阳一定从西边出来；关注我的身体，我宁愿相信板凳会说话。"

老公听到这话，一定当场争辩："我没说，但我做了，我做了你也看不见。你要我做，那你说啊，我不是神仙，哪知道你要什么？"

太太觉得说了做，就不值钱了，最好老公能自觉地做。

男女认识上做法上的偏差，是很大的。女人心思多，又不明讲，让老公猜，让老公自觉。所以常常的，太太生气了，老公不知道她为什么而生气。开始还猜，还哄，时间久了，厌倦了，就懒得猜，懒得哄了。

女人的生理周期前后，会有情绪表现，急躁，不耐烦，发无名火，很难控制。老公要理解并关心，至于你的太太是生理周期前几天有表现，还是生理周期后几天有表现，你去观察，各人不同。

如果你是老公，你可以根据你的情况列下自己的存款行为。现在就请你拿出一个本子，写下你的存款行为：太太最希望你做的事，让她骄傲和自豪的事，太太常常情不自禁跟朋友们显摆的事。

以上这些行为，作为丈夫，要常常做，一点一滴，不嫌多，不嫌少。

长此以往，你在你太太那边，就有存款了。

以上所列的行为，作为一个男人来说，做起来是有些困难的，如果不困难，就不叫存款了，就不叫努力了。

而好消息是，如果做一点点，太太的心就被滋养了，太太逢人就会讲："你看我老公多仔细啊，都折衣服呵，送孩子上学，还倒垃圾……"

今后太太想要离婚，她的朋友都会跳出来反对："这样的老公怎么可以离婚呢？你哪里去找这么好的老公？你曾经跟我们说，他折衣服，送孩子上学，记得你的生日，对你父母特别好，你还要怎样？看大局啊，不要弄丢一个好老公啊。"

如果你是太太，请你现在也立即拿出一个本子，开头大大地写下标题：我最希望老公为我做的事。

接着写下你最希望老公为你做的事，为家庭做的事，为你的娘家做的事。写好后，你悄悄地把本子放在他可能会看见的地方。但千万不要拿着本子逼着他看、逼着他做。让他偷偷地看见，相信他会偷偷地去做。

这些存款行为绝不是小事情，是生活中的大事。有的虽然有些难以做到，但做到一次，就是一笔很大的存款。

作为一个男人，先不要说"不会做"，试着做做看吧！

妻子如何在丈夫的情感银行存款

"啊呀，老公你回来啦，我们家的英雄回来了，国王回来了！"男人有英雄情节嘛，你常常把他放在英雄的位置上，他渐渐地就成真的英雄了。

妻子在丈夫的情感银行存款的行为，大致有以下这些：

欢迎老公下班回家；

精心准备晚餐；

满足老公的生理需要；

给老公一份结婚纪念日的惊喜；

欣赏老公的才华和个性；

在气氛好时才讨论问题；

让老公看他心爱的球赛；

把自己打扮漂亮；

照顾老公的父母；

为老公洗脚；

欣赏老公的朋友。

……

"啊呀，老公回来了，我们家的英雄回来了，国王回来了！"男人有英雄情节嘛，常常把他放在英雄的位置上，他渐渐地就成真的英雄了。关心他的工作事业，有时候看他无精打采的，事业上受一些打击，有一些压力，你就小心地问问他。精心准备晚餐，即使家里有保姆，一周至少一次亲自准备晚餐；哪怕家里有 10 个保姆，也要至少一周准备一次晚餐，端上来："老公，这个菜是我做的，是我新学的，是我跟着《美女私房菜》做的，你尝尝。"这道菜里有太太的心。

不是你找了保姆，就不再做做饭、打扫卫生这样的事情了；精心准备一道菜，新学一道菜，是很大一笔存款。

满足老公的生理需求，除了晚上 11 点到凌晨 1 点之间，不论场合不论时间，太太的条条框框不要太多，要顺应需要，满足他当下的情绪，并自己学会享受其中。

给他一份生日、结婚纪念日的惊喜。我们女人常常双手朝上，等着老公给自己生日、结婚纪念日的惊喜，你给过他吗？生日只是我们自己有吗？结婚纪念日只纪念一个人吗？这婚是一个人结的，还是两个人结的？凭什么他给你玫瑰花，你不给他巧克力呢？这是双方的事情。

你要欣赏老公的才华和个性。我的学员常常跟我讲："我老公一点都不值得欣赏，他一无是处。"那你当初怎么找他的，他要没有吸引你的地方，你怎么可能跟他结婚呢！只要你用心，你一定会找到对方的优点，去找找看。至少把当时谈恋爱时你欣赏的，让你决定嫁他的那些优点去找回来，通过你的鼓励让他恢复。

特别提醒你的是，在气氛好的时候讨论问题，气氛不好千万不要讨论问题，一讨论，很大一笔存款就取走了，正如《弟子规》中所说："人不闲，勿事搅；人不安，勿话扰。"

老公情绪不好或发火的时候，千万不要讨论问题。这样的时候讨论问题，就是女人不懂事。他本来情绪不好，你还追着他说："是不是你错啦？明明是你错了，你现在要向我认错，下次要改……"你这样做，无疑是很大的一笔取款行为。

比如，老公喝醉了回家，你骂他，你骂他干吗呢？如果他喝醉了都知道回家，代表你这里是他的家。一个女人是男人的家，对女人来说是一个好消息。他喝醉了知道回家，喝醉了都能找到家，代表你这个太太在他心里的分量很重。

男人在外面应酬，尽量控制住，不出洋相，但是一到家，通常都吐得一塌糊涂，弄得乱七八糟，但是他在外面一直端着。他潜意识里有这个信念，我要撑住，撑到家就好了。谁知太太不明白，骂得很难听，就是他醉着，也会心里难受。

在气氛好的时候讨论问题，是太太要学的智慧。

我家！

让老公看他心爱的球赛，看看球赛、下下棋、打打牌，这些都是男人比较喜好的事。一直做到某一天，他都内疚了：噢，我很久不关心太太了，我太贪玩了。你看我打牌都打得昏天暗地了，我得回家关心关心太太。

他的自我引导终于开始了。

要把自己打扮得整洁漂亮，在家里有家里穿的衣服。日本和韩国的太太们，她们居家的衣服，都是蕾丝边的，围裙都有蕾丝，都很美。关注你给予老公的视觉感受，如果你总是美美的，你就存下了一大笔存款。

照顾他的父母，这是你为老公做的所有事情里面最大的一件事情，当然也是最大的一笔存款。要悄悄做，不要说，到时候婆婆自然会跟你老公说："你太太来过了，来看我，跟我聊天，帮我做事，还留下 2000 元钱。你要好好待你老婆，不要在外面瞎玩，如果不待她好我不答应！"

老公听到这里，心里美滋滋的，怀着钦佩和感激就回家了。

要强调的是，做了千万不要说，说了就不值钱了。不摆功，就可以成为最大的一笔存款。

145

丈夫如何从妻子的情感银行取款

我们的生命当中的哪些盲点，在妨碍我们的成就？有时你认为自己很努力、很认真、很付出，本该有很好的结果，但你不知道那个盲点就是你致命的地方。别人都知道你的问题在哪儿，而你自己不知道。

丈夫在妻子的情感银行取款的行为大致有以下这些：

忽略了倾听妻子的心声；

在工作里耗尽了精神；

没把妻子放在生命中的首位；

批评她的外貌和习惯；

自私、不体贴；

小事情大脾气；

拒绝帮忙做家务；

花钱满足自己的嗜好；

忘记妻子的生日；

不关心妻子的忧烦；

拒绝沟通。

……

为什么我们这本书，男人也一定要看呢？因为男人看了听了，就知道怎么选择太太了，你就不要整日说自己的太太不好，不懂道理、不会做家务、不会带孩子、脾气不好等等。太太不好，是你选择女人的眼光有问题。男人找什么样的女人，是一个男人眼光和内涵的一个外在呈现。

同样的，女人找什么样的男人，当然代表女人的眼光。你不要整日里说自己的老公不好，诸如不勤奋、懒惰、没耐心、有恶习等等，是你选择男人的眼光有问题。

看一看丈夫如何从妻子的情感银行取款？

女人习惯说，用说把内在的那股能量释放出来。女人心里面的不舒服一定要有出口，女人的出口就是"说"。刻意忍受不说，是乳腺癌和宫颈癌的源头。要让女人用说释放压力和情绪。

老公要听，但不要太往心里去。听，是为了让老婆释放，这是男人的美德。当然，女人也不妨用其他的出口，看场电影哭一哭，或笑一笑；跟几个要好的朋友聊聊天、购购物；旅行也可以，在山间、水边大叫几声。

你总不肯听太太的唠叨，是取款行为。

有一对夫妻结婚10周年的时候，太太很早回家，准备一桌菜，自己穿得漂漂亮亮的，等老公回来。想想十多年前跟老公初识的情景——那时他是多么关心我，整个晚上不睡觉看着我，听我说话……想到这些，她心里美滋滋的。

老公一回来，坐在沙发上看报纸，看什么呢？看到一家公司上市的消息，心里便盘算，再过10年，他的公司也可以上市。

太太等来等去，老公一点反应也没有，便哭了起来。老公问："你哭什么，我不是在考虑我们的公司10年后上市的事情吗？这事比过纪念日重要得多啊。"

太太在10年前，老公在10年后，他们虽然在一所房子里，心没有相逢，他们相隔了20年。

男人在工作里耗尽了精神，是取款行为，且不说这样会忽略家务，忽略关心家中成员。医学报告说，女人流产 80% 的原因来自于男人。因为他在工作里消耗了精神，加班加点，每天都是在 11 点以后睡觉，所以精子力量不够，没有办法着床，女人宫外孕和流产 80% 来自男人精子游动的力量不够，而根本原因是男人的体能运动不够。所以，不能在工作里耗尽了精神，为了后代也不能在网上没完没了。

没有把妻子放在生命的首位，男人听了这条觉得："啊呀，我要把她放在生命的首位吗？"

你娶别人回家，就要把别人放在首位啊。如果你忽略了妻子，你至少懂得用语言补充一下："亲爱的太太，虽然我这么晚回家，但是老婆你是我的首位。"

你不是希望太太精神状态好、身体好嘛，而她的精神和身体状况都跟情绪有关；情绪好，她的身体就比较健康。

不要批评她的外貌和习惯。如果老公有这个习惯的话，请立即改正。老人告诉我们一个秘诀："永远不要说男人笨，永远不要说女人胖。"

大学时代，我有一个同学，他有一个习惯，跟人说话，永远这样开头："说一句你不爱听的话……"

他看到女同学，一定说："说一句你不爱听的话，我发现你比上一次胖了。"

什么"说一句你不爱听的话"，知道人家不爱听就不要说了嘛。这是一个人的盲点。这是人际关系中的取款行为，注意一下自己的习惯。

生命当中哪些盲点，在妨碍我们的成就？有时你认为自己很努力、很认真、很付出，本该有很好的结果，但你不知道那个盲点就是你致命的地方。别人都知道你的问题在哪儿，而你不知道。

自私，不体贴，对妻子不体贴。不体贴你至少要会讲："我最近是不是不体贴你啊？"那么太太呢，明明不体贴："没有啊，没有，你对我挺好的。"你看女人多善良。

接下来一个取款行为，是男人拒绝帮忙做家务。这样的大男人主义者，心里面留着"应该"两个字。这个"应该"就有问题，好像厨房里面的事情、房间里的事情就应该是女人做的。没有"应该"这个概念。女人可以自觉多做，但男人不能躺在"应该"上。否则，就是取款行为。

男人花钱满足自己的嗜好。什么嗜好呢？抽烟喝酒，旅行摄影，钓鱼高尔夫，汽车足球，打游戏打牌……玩这些，有的男人上了瘾。

《第 50 期青少年领袖训练营》暑假班中，曾经有一对父子，父亲写最担忧儿子的地方："我儿子上网成瘾。"儿子写最痛恨父母的是："我爸爸上网成瘾，跟我抢电脑。"

男人一般不像女人一样善于表达。在摆事实讲道理的时候，男人常常说不过女人，但又不想接受女人说的，所以拒绝沟通。后来，两个人的沟通就形成了一种模式：女人讲，一讲一大堆；男人什么也不说，一个字也不说。女人说："我情愿吵几句，可他一句也不说，拒绝沟通，我行我素，就像一记重拳打在棉花上。"所以，女人的气不打一处来。这是男人的取款行为。

对女人的唠叨，男人们的态度是不听、看报纸和烦。但老公们要想一想，你这样的态度，不能改变客观存在的东西。那个东西不知什么时候还会冒出来的。如果你愿意用一个从后面抱住她的动作，或者说三个字"我爱你"，矛盾就化解了，她的抱怨就不在了。

妻子如何从丈夫的情感银行取款

女人的唠叨，应该放在男人情绪很好的时候，不要在他情绪差的时候。唠叨的表达方式呢，最好改成撒娇。女人撒娇，就从取款行为直接转变成存款行为了。

妻了从丈大的情感银行取款的行为，大致有以下这些：

拒绝浪漫爱情的需求；

诅咒他的兴趣嗜好；

外貌不整，精神萎靡；

经常唠叨；

抱怨他的收入低；

拿他与成功人士相比；

想改变他的每一种习惯；

批评他的身形、才智；

不满他的事业成就；

骂他没出息。

......

妻子在跟丈夫互动的时候，这些是取款行为：拒绝浪漫爱情的需求。比如，夫妻间的性活动，男人变的花样比较多，因为男人是视觉型的。

甚至他希望在不同的房间、不同的地点，然后还要把灯开着。这在男

做妻子的智慧

150

人看来，是浪漫爱情的需求。你不愿意服从，就是取款行为。他会因此认为，生活过得太单调乏味。做那种事好像完成一个什么任务似的，永远是传教士姿势——大家一定知道传教士式是什么姿势。最后，生活也过得像传教士那样的中规中矩、呆板简单。

我曾经看过一部短篇小说：一个男人喜欢太太的一双脚，结婚以后，天天给太太洗脚。这是他们每天生活的一部分。男人很满足，天天唱着歌上班，唱着歌下班，睡觉前给太太洗脚。男人觉得太太的脚是艺术品，每天饶有兴趣地把玩、欣赏。

后来生了儿子，儿子渐渐大了，快到 6 岁时候，太太有一天不让老公给自己洗脚了，说每天让儿子看着不好，儿子会觉得自己的父母亲不正经。在太太的再三要求下，发怒阻止下，翻脸不理睬下，这个洗脚的活动就停止了。从此以后，男人一蹶不振，整日无精打采，对工作和生活都失去了兴趣。

太太的一双脚，对于这位老公来说，已经不仅仅是一双脚——它是老公的最爱，是老公的寄托，是老公生活的兴致，是老公的精神支柱，甚至是老公心里的图腾。

女人明白了这一点，就请不要再诅咒他的兴趣爱好，因为兴趣爱好有时是精神寄托。让老公失去精神寄托，是多大的一笔取款啊。

女人的唠叨，应该放在男人情绪很好的时候，不要在他情绪差的时候。唠叨的表达方式呢，改成撒娇的方式。女人撒娇，就从取款行为直接转变成存款行为了。

那怎么分清唠叨和撒娇呢？老公听了没有回应你，或者表现出厌烦、愤怒情绪的，叫唠叨。老公听了，抬起眼睛看你，向你检讨，想宝贝你，哄你，准备照着你说的去做，叫撒娇。

抱怨他的收入低，这是非常损害男人英雄情节的地方；拿他和成功人士相比较，也是；想改变他的每一种习惯，也是；骂他没出息，也是。这些都是很大的取款行为，取款到负债亏空，从此无法填满，他也一去不复返。

女人说，没关系，走就走，我重新找。社会现实是，35岁以上的男性，找对象是很容易的；35岁以上的女性，找到比之前的老公更好的人的机率是很小的。关键是，没有学会游泳，换游泳池是没有用的；没有学会两性相处，换老公也是没有用的。

就算你又找到了一个很棒的老公，能进入另一段婚姻，一样还是要学会经营两个人的关系、两个家庭的关系，甚至要经营与前妻、前夫、前孩子、后孩子的关系。否则，之前所有发生的，都还继续发生，即之前你跟老公之间发生的矛盾、冲突、问题，在这一任老公身上，一定还会发生。

女人走出婚姻才发现，好男人都在婚姻中。因为女人是学校，在婚姻中的男人每天都在上着学；而婚姻外的男人，没有了学校，在自己的母亲那边，只会越来越啃老，越来越不思进取。很多男人是被妈妈宠坏的。

很多女人说：既然这样，我就带着孩子过日子，离婚了就不再结婚，这样总可以了吧？但你会发现，之前的问题，居然又发生在你跟你的孩子之间。

由你一手带大的孩子，在叛逆期的时候，跟当初的老公简直一模一样，最终他的问题还要由你来面对和解决。这是一个非常折磨人的真实的现象。

其实，老天爷只给每个人一套问题，这套问题是为了成长你自己的生命。当你遇到这套问题的时候，你用抱怨、吵架、离婚的方式避开了，问题并没有得到解决，你并没有从面对问题和解决问题中提高，所以这套问题就重复出现，直到你谦卑地弯下腰来去看清它，面对它，一步一步解决它。一旦这套问题真正地被解决了，就不再出现，你的生命也因为完整地解决了这套问题而到达一个新的状态。

这些存款和取款的行为，看似难做，其实并不难做，只要你拿出勇气和毅力。万事开头难，关键是开局。我会在一旁支持你祝福你，支持祝福你由此拥有更美好的生命。

做妻子的智慧

第七章

夫妻相处的经典故事

一句话被人说了无数遍——相爱容易相处难。

一开始都觉得是灵魂伴侣，但没想到也许仅仅六个月就离婚了，亲密相爱的关系，为什么会随着时间而消逝呢？

痛苦是怎么开始的？从意见不和开始，从争夺重要性开始。你突然失去了重要性，开始觉得不自在，然后产生距离感。人们不知道如何处理这种距离感，然后有批判和怀疑，接着开始猜忌和抱怨，到这个时候就难救了。接下来的分离和互不关心，让亲密关系冷却和冰冻。其实，这个关系至此已经终止了，若不终止，就彼此互相伤害了。

应该治已病还是治未病，你是明白的。女人要主动学习相处之道。在这里呈现的六个经典爱情故事，都是我们身边发生的。故事中的她们可以做到的，我们每一个女人都可以做到。

我不想你再沉入痛苦中，不想再看着你在痛苦中挣扎。无数的女性把生活弄得一团糟，但没有人可以救你，只能通过你的学习和反省，自己救自己。

女人是成品，男人是半成品

女人在出嫁的时候，已经是成品。所以，她可以开学校。女人嫁进来，不慌不忙地撑起家，20 年后家族兴旺，女人自己也修炼得珠圆玉润。但是，现在的 80 后，女人的半成品率提高了，所以经营家庭就出现了困难。

男人和女人相处，有哪些要素？所谓抓要素，就是抓住要紧的几个点，抓住这几点就抓住大局和方向了。

女人进入婚姻前，一定要建立一个概念——男人是半成品，他在妈妈手里，只生产到半成品，接下来的工序，由你来完成。

刚结婚，你就准备完完整整地享受两性之爱，是不太可能的，20 年后他才会成为成品。但是，不要怪罪婆婆，她已经做了她能做的一切。女人在出嫁的时候是成品，所以可以开学校。女人嫁进来，不慌不忙地撑起家，20 年后家族兴旺，女人自己也修炼得珠圆玉润。

但是，现在的 80 后，女人的半成品率高了，所以经营家庭就出现困难。

女人带着"女人是成品，男人是半成品"的心态去嫁人，你就有耐心去调整一些状况了。男人找到你这所学校，未来就有希望了。

女人一定要默默地跟自己说："我愿意成为一所学校，我也会一边学一边教。学不止，教不厌。"

我们要教男人什么呢？要怎么教男人呢？我的建议是：评估这个新郎的状态，他缺什么教什么——缺少沟通能力，就慢慢引导他懂得说话；缺少生活能力，就慢慢地、耐心地、一点一点地安排他做些举手之劳的事情；

缺少学习的态度，那就给他一本书，说自己眼睛酸，让他给读一段；缺少勇气，就给他阶段性的鼓励和奖励。听上去，这些怎么就如同一个女人教儿子一样？是的。跟将来教儿子相比，耐心是一样的耐心，教法是更加尊重对方。要不，结婚的时候，你为什么叫"新娘"呢？你是他新的"娘"。

最重要的教法是，从引导到自我引导。

让老公自我引导

> 我太太真辛苦，真懂事，真顾家，我怎么能让她回来洗呢？我得全部洗掉，全部整理好，让太太回来看见家里干干净净，整整齐齐。我要不这样做，我还能算个人，还能算个男子汉吗？男子汉的美德，就是疼老婆。

如何通过你的引导，让老公自我引导？

举个例子。你不是痛恨你老公喝酒吗？他经常在外面喝酒，影响身体，体检呢，酒精肝，只好了几天，一周不到又继续喝了。但是，人在江湖又能怎么办呢？不喝呢，不太可能，但少喝还是可以做到的。

好吧，今天就来讲这一节课——如何帮助老公减少喝醉的次数。

方法是让他做自我引导。女人要留足男人自我引导的时间和空间；你要不留足时间，急着要给结论的话，他绝对不照你的结论走，只会跟你反着来。

你说，少喝点，他不听；你说，少抽点，他不听；你说，喝病了我不管你，他不怕；你说，喝醉了不许回家，他可能真的不回家……

老公喝酒，喝得很凶，经常回来烂醉如泥。从被引导到自我引导如何去做？陆老师教你一个方法：

那天，我跟女儿商量好，爸爸回家的时候，我们一起把他喝醉的样子，摄像给他看。

老公回来了，喝成这样回来的：车子不能开，扔在酒店，坐出租车回来。门一开，"啪嗒"，摔下，在进门的位置——还知道开门，知道把脚后跟放进大门里边，正好能关上门。

叫来女儿，让她拿出在香港买的，过去 10 年没大用过的摄像机；我使尽全身的力气，扶老公起来，拖着他，把他弄到床上，帮他把鞋子脱掉；女儿就在他旁边，摄下全过程。

我帮他脱衣服，脱鞋子，打来一盆水，给他擦脸；床旁给他放一个盆，供他吐，不停地扶他起来喝水漱口；然后，把他的袜子脱掉，帮他洗脚。

然后，我帮他掖好被子，坐在床边，轻轻拍着他的脸，跟他说话："今天又喝醉了，很难受吧，我也知道你很难受，怎么帮你呢？我恨我自己无法帮你难受啊，还要不要吐啊？没关系，吐了我再擦；没关系，就是你吐得一塌糊涂，我也会弄干净的。"

女儿把这整个过程全部拍下来，把他的丑态全部记录在案，整个过程历时一个小时左右。第二天是周末，不用上班，起床时，我跟老公讲："今天是礼拜天，我和女儿去买菜，你在家去看录像。那个录像我们昨天看的，特别好玩、有趣，好笑得不得了，一个小时，我现在开始放，你坐起来看，看完我正好买菜回来，我帮你带早饭。"

老公于是坐起来看。这一看不要紧，他马上睁大眼睛："天哪，这是我吗？我昨天喝成这样了吗？天哪，还吐成这个样子。"

"真受不了自己这个样子。我老婆这么体贴照顾我，之前我每次喝醉，她都这样照顾我吗？帮我搞干净，还给我洗脚啊，帮我把被子压紧掖好啊。我没想到自己这么丑态啊。"

这时在他心里面，生出一个东西："我的太太真好，我再不能让我太太这样服侍我，我要有节制一点。"

于是，原来一个月可以喝醉十次，后来减少到两次，效果挺明显。这叫留足他自我引导的时间，不要用语言批判他。

再举一个自我引导的例子，让你看完能举一反三，举三反无数。

你今天吃完晚饭了，突然接到一个电话，有事情要出去一趟，看着老公不太高兴，但这事又很重要，必须出去。

你对老公说："老公，我有一个事情要去谈，马上要出去。我来不及洗碗了。你就放在这里，千万不要洗。不要洗好不好？你就放着让我回来洗，千万不要洗，你该看电视看电视，该散步散步，千万别动手，让我回来洗啊。不要动啊，我先出门了，我一回来马上洗。"

然后你就走了，老公看着你匆匆离去的背影，听着你说的话，心想：我太太真辛苦、真懂事、真顾家，我怎么能让她回来洗呢？我得把餐具全部洗掉，全部整理好，让太太回来看见家里干干净净、整整齐齐。我要是不这样做，我还能算个人吗？还能算个男子汉吗？男子汉的美德，就是疼老婆。

这里的重点：第一，你给他留足了时间；第二，你没有要求他做，特别是没有用语言要求他做，你真心并不期待他做，是他自己想做好。这就叫自我引导。

女人用语言太多，用引导太少。语言不能作为引导的手段，我们一直用语言，也不管效果如何。女人常常认为自己有理由吵。我们要的不是理由，我们要的是相亲相爱的结果。

你用自我引导的方式，用久了，最后你的老公，遇到一些事情的时候，会不由自主地想，我再对不起谁，也不能对不起我太太。你引导他到这种程度，结果就很好了，因为他的言行已经是发自内心的了。

这些本来是做太太的隐私，把这些例子讲出来，会不会对男性有一些不尊重呢？也许会有。

可是，有人不懂，我们就只能拿出来讲。我们看不得有那么多的女性痛苦，有那么多男性无奈；也看不得有那么多人走入抑郁，也看不得有那么多人家门不幸。

原生家庭的不幸，一代一代传下来，女人长大成人时，不懂如何做太太，没有人教，没地方学，不是不想做好，是不知如何做好。

有的事，一点就通，因为同是女人，内在的特质相同。但只要没听到过，没学过，或者听一句半句，没有系统去看去学，她就会认为："凭什么让我这样做，这不是对女人不公平吗？"

有的女人像男人样子，她说："我干嘛要像女人样子啊，我又不是古代的妇女。"

"那你找一个男人像女人样子，你愿意吗？"

一个男人娘娘腔，是不是最令女人讨厌？同样的，一个女人像男人的样子，同样也是男人最讨厌的。

男人的心声

　　记住每一个男人内心的呐喊。在我们失望的时候，在我们愤怒的时候，在我们绝望的时候，在我们将要放弃的时候，想起他内心的呐喊。请用他内心的呐喊，来平静我们的心。

看到这里，现在，你让自己，坐一个比较舒适的位置，来听一段每一个男人心底的话——男人的心声。

我们来，轻轻地闭上你的眼睛，把自己交托给椅子。每一个男人的心底里面，一直有一个声音在响，有一段话在讲。你能不能听到他，听到他叙述他那不太能被你看出来的部分。

如果你听到这段话，记住这段话，你对男人的一些表现会释然的。

来，跟着我，轻轻地闭上你的眼睛，让自己在安静中，试着走进男人的内心。

现在，跟着我，想象在你的面前，出现你老公的样子，看进他的眼睛，去读他内心。不要让遗憾留在男人的心里，很多男人临死之前，捶胸顿足："我们没有被读懂过，从来没有被读懂过！"

今天我们就试着来读懂他，来看一看男人的内心一直在呐喊的是什么呢——

男人的心声

等着你的温柔，
来到我的面前，
安抚我所有的沧桑，
女人——
你难道不知道，
我为你而生。

我为你而生，
没有你我不完整，
我走遍天涯，
寻找意中的你，
请来到我的面前，
展现你的仁慈。

躺在你温柔的臂弯里，

女人——

难道你不知道，

我为你而重生。

请用美丽的眼光看我，

找寻我内在的至善，

那才是真实的我，

是我一心想成为的样子，

请用美丽的眼光看我。

请用美丽的眼光看我，

也许需要一些时间，

也许有点困难，

但无论如何，

请用美丽的眼光看我。

请用美丽的眼光看我，

看我发出的光芒，

请再用一点时间，

在我做的每一件事情里面，

看见我的光芒。

可不可以找到方法，

可不可以多点耐心，

在我做的每一件事情里面，

看见我的光芒。

可不可以再多一点耐心，

在我做的每一件事情里面，

看见我的光芒。

因为，我为你而生。

女人，我为你而重生。

　　深深地吸一口气，放松地吐气，搓热你的双手，然后按压你的脸部。在按压自己脸部的过程中，慢慢睁开你的眼睛，让自己回到当下。

　　记住每一个男人内心的呐喊。在我们失望的时候，在我们愤怒的时候，在我们绝望的时候，在我们将要放弃的时候，想起他内心的呐喊。请用他内心的呐喊，来平静我们的心。

我要能站起来吻你，该多美啊！

　　　　张海迪一辈子都站不起来，而我们都能站起来。可是，我们能站起来的人都干吗了？有一些打架来着，有一些吵架来着，有一些冷战来着。可是，张海迪希望能站起来，哪怕是一小会儿，去亲吻自己的爱人。

　　在男女的相处之道里，我们有六个故事要讲。

　　第一个故事的主人公叫张海迪。我们这一代人被她激励，她是我们的榜样。一个人残疾到那么严重的程度，还可以做那么多的事情，而我们这么多好手好脚的人，却常常等着别人施舍。

是啊，我们跟残疾人说："都这样了，歇着吧，别做了。你们有理由不做的，有理由靠着父母、政府养的。"

而残疾人回答我们说："没有残疾的人可以做一万件事，残疾的人可以做一千件事情，另外九千件就做不了了。但那一千件已经足够了，人生一辈子，能把一件事做好就很好了。"

张海迪是我们不折不扣的榜样，她每天过得充实而有意义。记者去她家采访，看见她坐着轮椅拖地；她不等待别人帮助，而可以帮助别人。她可以把自己的生活、工作、事业都料理得非常好。她不给任何人惹麻烦，不是任何人的负担。

张海迪曾经写过几本书，有一本书当中，有一句话跟夫妻相处之道有关。

这句话让我看了特别感动，每每想起这句话，我都沉浸在感动和甜蜜中，心一下子变得柔和温暖。

张海迪在四十多岁的时候，跟一个大学教授结婚了，她说："我要能站起来吻你，该多美啊！"

张海迪一辈子都站不起来，我们都能站起来。可是我们能站起来的人都干吗了？有一些打架来着，有一些吵架来着，有一些冷战来着。可是，张海迪希望能站起来，哪怕是一小会儿，去亲吻自己的爱人。

两性互动的美丽，我们都品尝到了吗？听到张海迪这句话，你的心，会颤一下吗？

王贵与安娜

当安娜第一次发现王贵有外遇的时候，她，没有选择去王贵的单位找王贵的领导诉苦和评理；没有选择到王贵的办公室里去给他难堪，让他名誉扫地；没有选择去那个女人的办公室，跟她揪着头发打一架。相反，安娜还在家里面，给王贵留了一条门缝，让他想回家的时候可以回家。

我们来讲男女相处的第二个经典故事。

有一部电视剧，叫《王贵与安娜》。我的一个学员告诉我，这部电视剧很好看，在两性关系的处理上，有深度。王贵是个非常土的男人，一听这名字就知道土；而安娜呢，是一个小资女人，一听名字就知道很小资。

这两个人结合到一起，发生了很多矛盾。卫生习惯、生活习惯，差别实在太大。经过了无数个回合，争吵、冲突、冷战、妥协，慢慢地两个人变得互相了解、互相理解也互相适应和融合了。

等到夫妻间好不容易到互相适应的时候，又发生了王贵外遇的事情。

安娜觉得自己委屈下嫁给你王贵，那么认真地经营家庭，那么用心地带两个孩子，那么委屈自己，那么辛苦地一次一次说服自己，安心家庭。最后你居然外遇了，这件事对安娜来说，真是一次莫大的挑战，大过之前所有的生活不和谐方面的挑战。

经过思考、权衡，最后，安娜让自己静下来。电视剧上面有一段旁白，很精彩，耐人寻味。

这段旁白大致是这样说的：当安娜第一次发现王贵有外遇的时候，她没有选择去王贵的单位找王贵的领导诉苦评理；没有选择到王贵的办公室里去要他难堪，让他名誉扫地；没有选择去那个女人的办公室，跟她揪着头发打一架。相反，安娜还在家里面，给王贵留了一条门缝，让他想回家的时候可以回家。

这样的做法跟一般女人的做法不同，有些女人的做法是四处打听第三者是谁，然后冲过去打一架。你的老公没有这个第三者，也可能有其他第三者。这跟第三者是谁关系不大。

每天老公走出家门，很多太太都很焦虑。你要怎样才不焦虑呢？是要满大街没有一个女人，老公出门你才放心吗？是要上班的单位里没有年轻的女员工，老公出门你才放心吗？

有的学员说，因为这些女人太狐狸太会勾引人了。我的问题是：是因为这些女人太狐狸太会勾引人了，还是你"太不狐狸太不会勾引人"了呢？

有些女性适应社会的能力不强，学习能力不强；有些女性放纵自己，让自己很胖；有些女人很无知，很无聊。无视这些，却说别人太狐狸太会勾引人，其这样说，还不如说这是你老公对美好的一种向往和追求呢。我知道这句话你很不乐意，我是怕你追"小三"追得很累，自己弄得很憔悴。不仅搞得自己身体很差，其他方面也很吃亏。我们不妨掀起一个"向小三学习"的新高潮——学习她每天打扮鲜亮，愉悦人们的视觉；学习她懂得体贴人，让人们感受到关怀；学习她有耐心，听他讲那些夫妻间悲苦的故事；学习她想着法子让别人高兴。

于是我的学员说："我无法向那些女人学习，因为我是正经女人。"

我知道你是正经女人，我们都是正经女人。但是夫妻间，你那么正经干什么？什么叫夫妻？夫妻就是两个看得习惯、彼此舒服的人，在一起做点"不正经"的事情。为了让我的学员更明白，我问："你会给自己化妆吗？"

"我不会，我是正经女人。我不喜欢化妆。"

"你会撒娇吗？"

"我不会，我是正经女人。老夫老妻了，撒娇不正经。"

"你谈恋爱的时候撒过娇吗？"

"嗯……撒过，现在都老夫老妻了，撒娇不正经。"

"你能让自己穿得漂亮一点，时尚一点吗？"

"我那些衣服都好好的，没有坏，我总不能把它们扔掉。我老公知道我是正经女人，他不会嫌弃我穿得不好。"

在这里，我要跟男人们说一句："男人有外遇，对女人的伤害很大。"在女人偶然发现自己的男人有外遇的时候，那种痛彻心扉的感觉，男人是想象不到的。如果能想到、听到或看到她们的痛苦，80%的男人会放弃外遇。而另外一个女人也会放弃成为别人的第三者，放弃去伤害别人，因为拿别人的总是要还的。

在我的工作室，曾经有多少女人哭得心都要被吐出来了。有机会我写《男人的智慧》的时候，我要把她们的这种痛苦告诉男人。当然，这里面有女人本身的原因。

社会变成今天这个样子，男人在外，诱惑很多，机会很多，抵抗力不足，重要性认不清。但无论如何，女人要做好你自己，做好你妻子分内的事，是第一重要的。他到歌厅里抱着小姐，他也许会想，这只是逢场作戏，她哪有我老婆温柔呢！哪有我老婆贤惠呢！我对不起谁，都不能对不起老婆。

这样做叫智慧，有点辛苦，但是总要努力。像安娜一样。

秋之白华

我们来讲第三个经典的爱情故事。

这是一段三个人的爱情故事，一个震惊上海的传奇。其中的主人公，一个是瞿秋白，一个是杨之华，一个是沈剑龙。

瞿秋白28岁成为中国共产党的最高领导人，36岁被国民党枪杀，他被人们称为"永远的青年"。他最早留俄，最早翻译《国际歌》，是为数不多的见过列宁并与之深入交谈过的人；他是鲁迅的忘年交，文学造诣深厚，精通书法、篆刻……

瞿秋白和杨之华之间的鸿沟是巨大的：他们既是师生，又是同志。最初相识时，瞿秋白有个久病的妻子，杨之华也已为人妇为人母。然而，这对情侣跨越了世俗理念，勇敢地走到了一起，10年相濡以沫，执子之手，直至生命的最后一息——"生如夏花之灿烂，死如秋叶之静美。"

在瞿秋白和杨之华纯净、纯粹的爱情和理想面前，今天有着"干得好不如嫁得好""如果能暴富，放弃原则和底线也可以考虑"思想的年轻人，一定感到震撼和惭愧。

面对人生的抉择，当时的瞿秋白苦苦地思索：既然沈剑龙已经背叛了杨之华，为什么我不能去爱？于是，瞿秋白大胆来到了萧山杨家。之前，沈剑龙对瞿秋白的人品与才华十分尊敬和仰慕。于是，两个男人开始了奇特的"谈判"，经过艰难的谈判，结果是在上海《民国日报》上同时刊登三条启示：一是沈剑龙与杨之华离婚，二是瞿秋白与杨之华结婚，三是瞿秋白与沈剑龙永结兄弟情谊。三则前卫大胆的启示并排刊登，震惊了当时以"时髦"著称的上海。

瞿秋白曾经给杨之华写过一首小诗：

> 其实你不必这么美丽，
> 有你的智慧就足够了；
> 其实你也不必这么智慧，
> 有你的勇敢就足够了。

英国女王

"你是谁啊？""我是你老婆！"门开了，因为女王在这一刻回归了太太的角色。太太，在日本话里叫"家内"。"家内"这个词，在一定程度上表达了太太这个角色的内涵。

第四个经典的爱情故事，是关于英国伊丽莎白女王的。

英国女王伊丽莎白，有一次跟她老公吵架了，大概王宫里房间太多，他们两人马上分房去睡。伊丽莎白女王觉得自己姿态很高，第二天去敲老公的门："开开门，我来了。"

老公问她："你是谁啊？"

"我是伊丽莎白女王啊，你听不出吗？"

不开门。

第二天，她又去敲门，心想你看我姿态多高，总是我主动："开门，我来了，赶紧开门！"

"你是谁啊？"

"我是伊丽莎白女王啊！"

不开门。

第三天又是吃闭门羹，第四天还是吃闭门羹。

直到第五天，敲门，里面问："你是谁啊？"

"我是你老婆！"

门终于敞开了。因为，女王在这一刻回归了太太的角色。

太太在日本话里面，叫"家内"。"家内"这个词，在一定程度上表达了太太这个角色的内涵。

从丈夫那里得到六个字

躺到产床上，老公看着小可，豆大的汗珠从她额上滚落下来，额头上青筋暴起，但她一声不哼，用21分钟，把孩子顺利生了出来。老公泪流满面，抓着小可的手，看着小可的眼睛，无比感动地说了六个字："你真棒，我爱你！"老公的一颗心从此定在这里。

我们来讲第五个经典的爱情故事。

她是一个做营销的，我们叫她小可，她做营销很成功，在圈内是顶级的。小可曾有过一段短暂的婚史。几年后，一次她在浦东机场准备出国度假，当她站在浦东机场，立刻成为一道风景。

小可站在那里，她的姿态、妆容、配饰、衣服、色彩，以及拉杆箱，都在表达着一个字——美，都在表达着两个字——优雅。在本世纪开头的那几年，这真是一道绝美的风景。人们在她面前，走来走去，看来看去，把看她作为一种享受。

接着，走过来一个男人，跟小可打招呼："请问，我可以认识您吗？我可以跟您交换一张名片吗？"

交换了名片，一聊居然是同一班飞机。男人看看小可坐的头等舱旁边的位置空着，马上升舱，坐在了小可旁边，一场跨国恋开场，一段跨国婚姻两年后也开始了。

结婚了，有一件事小可的老公一直没有想明白，小可是怎么成功的？30岁出头的女人，住在最高档的别墅里面，有钱而且工作还很清闲，到哪里都是面对成千上万的人挥手。小可为什么会有这样的地位？为什么能过上这样的生活？她到底凭什么有如此的事业成就？

一连串的为什么，男人在用心寻找，没有找到答案。在小可怀孕后，男人找到了答案。

因为是高龄产妇，前面的婚姻还流过产，所以医生一直提醒小可，生孩子很危险。小可只问了一句："如何减少危险？如何做到顺产而不剖腹产？"

医生说："高龄孕妇，容易得妊娠高血压，少吃盐，可以避免。"

于是，小可每天吃不放盐的菠菜汤和海带汤。每吃完一碗，小可从椅子上站起来，做胜利的 V 手势：

"耶，我又接近成功了一步。"

就这样，她每天早晚各吃两碗没有盐的海带汤和菠菜汤。每吃完一碗，她都站起来鼓励自己。

怀孕 4 个月后，医生说："如果你想顺产，那么需要每天爬楼 30 层，散步 45 分钟。"

于是，小可按照医生的要求，不折不扣地执行：每天在自己的别墅里，上去三层，下来不算，爬 10 遍。男人在一楼客厅里看着她。小可每爬完一遍，就举起手做胜利的姿势，跟自己说："耶，我又接近成功了一步。"

男人坐在那里默默地看着，看着太太不急不躁地做着这一切。他心里终于明白了，这个女人就是这样成功的———一步一步不慌不忙地接近目标，决定了的就不动摇。

每次到医院里去做围产期检查，医生一定说："小可，你太棒了！每项指标正常，胎位好，羊水好，胎盘好。"

每次检查完出来，小可就会小声地跟老公说：

"亲爱的，我各项指标正常，代表我前一段时间的努力完全符合医生的要求。那么，我今天要犒劳一下自己，吃一块蛋糕和两块红烧肉，可不可以？"

她给自己制订阶段目标，然后努力去达成，并懂得奖励自己一下。奖励完了，回到家，又开始吃没有盐的菠菜汤、海带汤。

听了这则故事，我曾试着在家里做了一碗没有盐的菠菜汤，让自己吃下去，没吃完我就吐了。由此可见，一个人如果没有信念，是很难达到目标的。

小可的爬30层楼梯和在外面散步45分钟，雷打不动——小可和老公在夜幕下散步，在雨中散步。反正，没有任何困难阻止得了她每天的爬楼和散步。

几乎每次检查，医生都说："小可，你的各项指标，简直比年轻的产妇还要好。"

就这样坚持了9个月零20天，产期真的来到了，小可被送进妇产医院的产房。推进去的时候，医生还在问她："你一定要自己生吗？还是做剖腹产吧，这样安全。"

"绝不剖腹产，我要自己生。我一定会很顺利的，我和我的孩子都已经准备好了！"

躺到产床上，老公看着小可，豆大的汗珠从她额上滚落下来，额头上青筋暴起。可是，小可一声不哼，用21分钟，把孩子顺利生了出来。

老公泪流满面，抓着小可的手，看着小可的眼睛，无比感动地说了六个字："你真棒，我爱你！"老公的一颗心，从此定在这里。

小可跟女人们说："这一辈子，一定要让你的老公，有机会发自内心地跟你说这六个字：'你真棒，我爱你！'"

这句话是老公对你说的，但对你说这句话的机会，是你给老公的。

你是一个有意志、有恒心、有爱心、有目标、有追求的女人，并愿意为着自己的目标和追求，去努力达成，才受人钦佩，才有可能得到"你真棒，我爱你！"这六个字。

痛一点不愿意，苦一点不愿意，累一点不愿意，坚持不愿意，老公凭什么尊敬你、爱你呢？

当初上帝创造世界以后，创造了男人；创造了男人以后，创造了女人。当女人被创造出来之后，上帝就跟女人说——创造孩子的事业，从此就交给你了。

谁知道，两千五百多年以后，女人把生孩子的事交给了医院，把奶孩子的事交给了牛。现在剖腹产的比例达到 65%，很多是因为怕疼。女人如果生产靠医院，喂奶交给牛，母亲的责任又是什么？

他在爱你，在心疼你；你怕痛，不愿意痛。对此，他嘴上不说，但从心里就看低你，你在他心里的分量减轻了，他也找不到机会跟你说这六个字了——"你真棒，我爱你！"

男人是船，女人是港

上帝是这样规定的：男人是船，女人是港。船的职责是出海，不是停在港湾里。每一次，我这艘船回到家的时候，我的老婆啊，看见我这船旧了，油漆也脱落了，帆也破了……她就无怨无悔地给我缝啊，给我补啊，给我修啊，把我又重新修旧如新。当我被修旧如新的时候，我又想起了船的使命，我又扬帆出海了。

现在，我们来讲第六个经典的爱情故事。

这个故事的主人公是谁呢？他叫刘墉，台湾的一个画家兼作家，出过很多书。他的书通俗易懂，一看便有收获，生活中用得上，我是他的粉丝。

有一次，刘先生突然接到一个电话，是中央电视台的朱军打来的。朱军，央视三频道《艺术人生》的主持人，在中国可谓家喻户晓。朱军在电话里跟刘墉说："刘墉先生，我们中央电视三频道，有一个《艺术人生》节目，特别希望邀请到您来做一期嘉宾，您愿意吗？"

刘墉直截了当地回答："我不接受采访，我是个画家，是个作家，大家对我感兴趣的话，看我的书，看我的画就行了。"

刘墉的这番话让我想起钱锺书先生，当年他写的《围城》被拍成了电影，电影一上映，取得了极大的成功，于是各路记者蜂拥而至，上门采访钱老，钱老挡住第一路记者说："你们吃了鸡蛋好吃，一定要认识生蛋的老母鸡吗？"意思是大家欣赏作品就好，我不接受采访。

朱军临挂电话前说了最后一段话："刘先生，您写书不是为了让人读，让人受教育吗？我们这个《艺术人生》的节目，收视率是 1.3 亿人；有 1.3 亿人在周末晚上听到您的故事，听到您的教育理念。听了以后，也许他们的生命改变了，那您看，这是多棒的一件事情。出版一本书，会有 1.3 亿的人读吗？"

刘墉知道，一本书的发行量几乎不可能达到 1.3 亿。

我自己是一个培训师，如果我的亲子教育培训和两性关系培训，有 1.3 亿人能听到，让我当场死去我都愿意。

这句话敲在了刘墉的心上，他马上让他的几个助理了解中央台三频道是不是一个正规的电视栏目，是不是传播正面讯息的电视台，打听《艺术人生》节目的收视率到底是多少。

助理们经过一番了解，证实了朱军说的，于是刘墉决定接受采访。

这件事被刘墉的太太知道了，太太打电话来问刘墉："听说你要接受采访，你说过不接受任何采访。如果你接受中央电视台的采访的话，接下来你怎么拒绝台北的电视台采访，你的公司在台北。另外，我们全家现在定居在纽约，你接下来又如何拒绝美国的电视台的采访呢？"

刘墉平静地说："我已经答应接受采访了，不能不守信用。要不这样，你不是一直叫我退休吗？你不是希望我不工作了，陪陪你陪陪妈妈吗？那我决定，我这次接受中央台采访完了以后，我就不再工作了，我就退休了在家陪你。我们一起出去旅游，一起在家种种花种种草，好不好？"

太太简直不敢相信自己的耳朵，马上说："真的吗？这样好，那就说好了，说到做到，不许变卦。"

在《艺术人生》现场，采访快结束的时候，朱军问刘墉："刘墉先生，听说这次采访结束，你这次从北京飞往纽约后，就决定不再工作，退休，然后陪太太，是这样吗？你跟太太承诺了，对吗？"

刘墉意味深长地说了如下这段话：

"朱军啊，是这样的。男人是船，女人是港。船的职责是出海，不是停在港湾里。每一次，我这艘船回到家的时候，我的太太看见我这船旧了，油漆也脱落了，帆也破了。我的太太啊，就无怨无悔地给我缝啊，给我补啊，给我修啊，把我又重新修旧如新。当我被修旧如新的时候，我又想起了船的使命，我又扬帆出海了。

"下一次，我又出海回来，我这条船，帆又破了，油漆又剥落了，船又旧了。我的太太，又无怨无悔给我缝啊，给我补啊，给我修啊，给我漆啊。我又一次被她修旧如新，我又扬帆出海了。

"朱军啊，结论是，我这条船明天从北京飞往纽约我的家，我太太看见我这条船又破了帆，漆也剥落了，一副老旧的样子。对此，我太太会怎样呢？她还愿意为我补吗？为我修吗？为我漆吗？如果她还愿意这样的话，还愿意把我修旧如新，我一样还是要出海的……"

听到这里，我忍不住泪流满面。

天下的太太们，我们的老公回来的时候，旧了、破了、坏了，或者说累了、醉了、脏了，你愿意无怨无悔地为他修、为他补、为他漆吗？

你愿意成为他的港湾吗？

第八章

夫妻相处的要素

夫妻的相处，重要的是倾听，对方说好的倾听容易，说不好的倾听就难了。但你要知道，两个人的心理需求其实是一样的，那就是被爱的需要。

不要把视线移开，看着他，倾听他，把你自己的呼吸放慢、放松。大脑放松时，你会有更多的智慧。

用你的耐心倾听，才是真正地进入关系。亲密关系总有很多的难题，总有受伤——只要你有抗拒就会受伤。但这些伤痛其实不算什么，只要在这里，倾听着对方，一切会变得简单。我真想一次又一次地跟每一个人说："任何美的东西进入我们中间，都需要努力，所有美的夫妻关系都需要双方的努力。"

正如爱因斯坦所说："带着对生命的好奇心，探索事情为什么是这样，为什么会是这样，生命如何从一种状态变成一种状态。"

现在你看到的这一章，是讲夫妻相处的要素。夫妻相处的要素就几条、几十个字，关键是你去把这几十个字活出来。女人主动去做，命运就将在此交会，心与心将在此交织，夫妻关系的亲密从此让我们体验到灵魂的一体感。

请从被动的人生变为主动的人生，被动是痛苦，主动是美丽。

家庭出现问题，谁的责任？

老公一脸惶恐，急急忙忙打断太太说："老婆，你不要说了，我受不了了，我听不下去了。老婆，这些问题，都不是你的问题，都是我的问题。老婆，老婆，这样吧，我们重新开始，我们一起重新来过，一起教育孩子，一起商量事业，好吗？"

女人掌握着家庭的主动权，你开心整个家就和谐，你不开心整个家就死气沉沉。

有一个心理学家，在北京做了 10 年婚姻关系方面的心理咨询，得出一个结论：夫妻关系的好坏，90% 取决于妻子。

改革开放以后，他去美国学习深造了几年，回来又做了多年婚姻关系的心理咨询，之后重新评估婚姻关系中的权重，改变了此前的结论，他现在认为：夫妻关系的问题 100% 来自于女人。

我相信这个结论没有几个女人愿意承认。

2010 年元旦，我们在上海开课，两天的《女人的智慧》课程。讲完后第一天，学员小晖提出与我一起吃晚饭，于是我们一群人一起吃晚饭。小晖晚上 11 点才回到家，老公生气了，把小晖一顿数落："元旦都不回来吃饭，我的父母老远赶来，要跟我们一起吃个团圆饭，你怎么可以这样！听什么课，被人洗脑了吧，洗得不正常了吧！"

小晖这一次一反常态，平静地听完老公的数落，微笑着跟老公说："你是对的，是我错了。我今天只说一句话，好吗？因为老师今天讲的主题就一句话，那就是：中国家庭的问题，90% 来自于女人。"

老公一听这话，愣了，脸上的线条立即变得柔和了："那……那……那，那个老师明天讲什么？"

"明天讲，中国家庭只要有问题，100% 问题出在女人身上。"太太回答。

"噢，这样，我明天也去听。《女人的智慧》男人也可以去听吗？"

"当然可以，今天现场就有不少是夫妻两个一起去听的。"太太暗暗窃喜。要让老公去听个培训有多难啊，而现在这个问题居然用一句话就解决了。

如果你是男人，看到这里，也许你会说："只要太太不烦我，我从不惹事，每天被太太捕风捉影，烦得头都大了。"

如果你是女人，看到这里，心里或许升起一个声音："凭什么，凭什么说 90% 的原因来自于女人，100% 的原因来自于女人，我无法接受，这不公平。"

那你现在拿出一张纸和一支笔，跟着我写下标题"我们夫妻之间的问题"，接下来一项一项列出这些问题：

老公总是很晚回家
从来不管小孩
挣钱太少，不努力
习惯不好，抽烟喝酒
……

事无巨细，你列出十条。

然后，你仔细看着这十条，想一想，把你认为自己应该承担的五条勾出来，另外五条由你老公承担。这样公平了吧，各担 50%，每人各五十大板。如果你说十条都是老公的，那你也许就没救了。

找一个老公心情比较好的时间，拿出这张纸，诚恳地跟老公说："老公，我们之间现在有一些问题，现在我分析了，多数是我的问题，我用10分钟的时间讲给你听，你愿意听吗？"你说得很大度。

老公看到你如此诚恳，很惊讶，说："你说吧！"

"好，我们之间的问题，我列了十条。"

"第一条，你总是很晚回家。老公，现在我觉得，这条问题不是你的问题，而是我的问题，为什么呢？因为，我都把家搞成审讯室、检察院和纪检委了，谁愿意没事就被审讯呢！是这个原因，你才很晚回家的，都是我的错。

"第二条，我指责你从来不管小孩，这是我不对。因为相夫教子是女人的责任，孩子是应该由我来教育和引导的，所以你不管小孩是对的，以后，我不会怪你不管小孩了，老公。

"第三条，老公，我总嫌你事业做得不够好，挣钱太少。现在我知道了，这也是我的责任，相夫教子中的相夫这件事，我没有做好——相夫是说，女人要做男人的宰相，结婚以后，女人要帮助男人事业成功。所以我不能嫌弃你事业不成功，而是要做你的后盾，帮助你事业成功。

"第四条，我没有做好的是……"

老公一脸惶恐，急急忙忙打断太太说："老婆，你不要说了，我受不了了，我听不下去了。老婆，这些问题，不是你的问题，是我的问题。老婆，老婆，这样吧，我们重新开始，我们一起重新来过，一起教育孩子，一起商量事业，好吗？！"

说到30%的时候，男人就受不了了，就挺身而出了。女人啊女人，谁让你承担100%了。

当一件事情，我们一个劲儿地归罪别人的时候，我们到底是沾光了还是吃亏了呢？

在此，有一句口诀，你我一起学着去使用——如果事情真的是这样，那就是我的责任。

凡事发生，先把责任 100% 地担起来，跟自己说三遍：如果事情真的是这样，那就是我的责任。

说完三遍，带着当时的那种心情去处理问题。

去教人们学会爱

这一次小天使下凡后，从此失落人间。教导人们相亲相爱，真的困难。小天使每天都在努力工作，几千年过去了，小天使还没有回到天堂，教会人们相亲相爱的任务还没有完成。

有一个小天使，住在天堂。

天堂里永远阳光灿烂、鲜花盛开、鸟语花香、和谐安宁。小天使过着这种无忧无虑的日子，常常觉得单调乏味。有一天，小天使跟上帝讲："我能到人间去做点事吗？"

上帝说："好啊。你的所有愿望，我都会满足的。想做就去做吧。"

"那好。请您指派一件事让我去做吧。"

"你来看，地球上有一条河挡住了人们的去路，你去把这条河搬掉，好让人们出行方便。"

"好的，我现在就去做。"小天使飞去了。

过了三天，小天使回到了天堂，向上帝报告："河流已经搬掉了，人们从此出行方便了。"

一段时间后，小天使又来找上帝了："我还想去人间做点事。可以吗？"

"当然可以。你的所有愿望，我都会满足的。想做就去做吧。"

小天使高兴起来："那您再找个活儿让我去干吧！"

"你来看，下面有一座山挡住了人们的去路，请你去把那座山搬掉。"

三天后，小天使又回到了天堂，缠着上帝："我把山搬掉了。您分配的任务太简单了，帮我找一个难做的事情去做吧。"

"好啊，小天使。你的所有愿望，我都会满足的。想就去做吧。这次，你下去的任务是，教会人们相亲相爱。"

这一次小天使下凡后，从此失落人间，杳无音讯。教导人们相亲相爱，真的好困难啊！小天使每天努力工作，几千年过去了，小天使还没有回到天堂，因为教人们相亲相爱的任务还没有完成。

女人都是小天使，是来教导家庭、教导企业、教导小区、教导城市、教导国家民族的人们相亲相爱的。

做教导者需要做到两条：有耐心和持久努力。

一颗漂漂亮亮的心

182

我们必须学会要给别人日子过，给别人路走。不要自己觉得爽，就拍桌子骂人，拍桌子走人。人家被你骂了以后，情绪低落，生不如死。夫妻关系中，更加需要注意这些。

讲一个真实的故事。

女人小爱，带着一个8岁的女儿离婚了；男人小亮，带着一个10岁的儿子离婚了。

一个偶然的机会，两个人相逢了。

当两个人相逢的时候，他们都喜出望外，开心得不得了："我这一辈子，终于找到爱人了，终于找到真命天子了。""我们接下来的生活会非常和美。"两个人同时这样说。

他们的两性关系进入蜜月期。

在那一段时间，他们两个人谈恋爱，浓情蜜意，你情我愿，不久就谈婚论嫁了。在讨论婚嫁的时候，小爱说了一句话："结婚之前，你先把你10岁的儿子处理好。"

小亮听到这话，心里"咯噔"一下。

小爱接着说："你不把你10岁的儿子处理好，我是绝对不会跟你的儿子在一起过日子的。结婚后，我只要你、我、我女儿三个人过日子。他在，会破坏我的心情。"

小亮听了，没有直接回答女人，心情一落千丈。但是，接下来，他一直在努力。

小亮先去买了一套婚房，开始装修，代表小亮非常有结婚的诚意。房子装修的风格，也完全听小爱的。小亮每天接送小爱8岁的女儿上下学，对她女儿比对自己亲生的儿子还好。每个月，小亮都举行相识纪念日活动，送小爱红酒、礼物和其他的惊喜。

小亮的心思，路人皆知：我做这一切，为的是让她同意我不处理自己的儿子。看到我的努力，小爱可以接受儿子跟我们一起过日子了吧。

房子装修快完工的时候，小爱找小亮谈话："小亮，你想好如何处理你儿子了吗？你不决定，我们是不可能结婚的。我可以给你一个建议，在我们隔壁小区，你再买一套小一些的房子，让你的父母来跟你的儿子一起住，这样两全其美。你说呢？反正你同意也得同意，不同意也得同意。"

小亮经济上还没有宽裕到可以买两套房子的程度，现在已经是全力以赴了，小爱对这一点似乎并没有看见。为此，小亮心里面觉得很难受。

前一段时间的努力白费了，没有起到任何的作用，小亮束手无策了。过了几天，小爱发出最后通牒："你再不处理好你的儿子，我们不可能结婚。我们分手吧！"

小亮早已经撑到底，也撑到顶了，再也没有力气再撑下去了。接下来，小亮做了一件谁也没有想到的非常离谱的事情。

小亮知道，小爱每天早上吃一包方便面和两个鸡蛋后上班，他在方便面里打进农药，想吓吓小爱。结果，那天小爱没有吃方便面就上班了，小爱的女儿和小爱哥哥的女儿，因为是暑假在家，两人便吃了有毒的方便面，生命垂危之际被送到医院里抢救。小亮被逮捕，面临被判刑的命运。

电视台派了一帮记者到大街上采访，问路人对这件事的看法：

"小亮不好，有话好好说嘛。"

"两个小孩太可怜了，不知道能不能活下来。"

"小亮无法控制自己的情绪，就是结婚了也会出问题的。"

"小爱要求太高了，很无情。"

"小爱很倒霉。"

……

记者直接采访小爱的时候，小爱大哭大喊："他不是人，他心狠手辣。我怎么这么命苦啊，我怎么这么倒霉啊，你看他居然害人的心都有，幸亏我还没有跟他结婚……"

记者直接采访小亮时候，小亮默默地抹眼泪："我要怎么做，小爱才会满意呢？我怎么做她都不满意啊。我要怎么跟女人交往呢？我的前妻说我窝囊，跟老板跑了，丢下孩子让我来抚养。我与小爱相好，我努力一点，把一切做好一点，就是想让小爱接受我的儿子。可我怎么做她都不接受。我以后再也不找女人了，我是窝囊废，我无法让女人满意。"

小爱也许没有想过这些问题：是什么原因，让小亮这样的男人走上这条路？在这一段关系中，我哪里做错了吗？是我把他逼上绝路的吗？他今天的行为，跟我相关吗？

小亮也许可以这样想：作为一个成年人，我太情绪化。人命关天，投毒这种不计后果的行为，太对不起小爱了。对前妻，我也有情绪化的时候吧！

所以，我们常常不经意地把人逼到绝路上——有的人是存心，有的人是没想到，有的人甚至是出于好心。你开车的时候，一定会礼让别人，但临时停车的时候有没有想，这里也许是个通道，不能停，虽然只停五分钟，但也可能挡了别人的路。

我们在高速公路上，你一个方向一打，强行并线，后面两辆车撞上了，你不要沾沾自喜，觉得侥幸，觉得事不关己。而后也许有别人，也给你"绝路"走。

我们必须学会要给别人日子过，给别人路走。不要自己觉得爽，就拍桌子骂人，拍桌子走人。人家被你骂了以后，情绪低落，生不如死。夫妻关系中，这些更需要注意。

一些事情，是怎么造成的，其中有什么渊源，值得研究。

小爱，一定没有从前面一段婚姻关系中总结和学习到什么，所以才这样对待男人。我们的一些行为，不要让人家只能去走绝路，比如我们说了一句话，让别人走了极端；我们的一个行为，让别人马上生不如死。有很多极端的人，甚至杀人犯、大毒枭之类，被抓起来的时候，他身边的女人说："谁说他是坏人啊，他不是坏人！你们不了解他，他心善得很！"我们始终想不通，做了那么多危害社会和人类的事情的人，怎么可能心善。全面深入了解了人和事之后，你才知道，有的人是一步步被逼上绝路的。

你有漂漂亮亮的心，才会有漂漂亮亮的一生。对小爱，对小亮，对天下所有人，道理都是如此。

从"我"到"我们"

两个人恋爱结婚了，就是从"我"走到了"我们"，从"个体"走到了"整体"。从此，我们的行为、做法，要符合两个人共同的要求和标准，而不是你一个人说了算。如果总是一个人强势，一个人委曲求全，早晚会爆发战争。

所谓的恋爱和结婚，就是从一个人到两个人，从"我"走到"我们"，从"个体"走到"整体"。

恋爱了，结婚了，我们的行为、做法，要符合两个人共同的要求和标准，而不是你一个人说了算。如果总是一个人强势，一个人委曲求全，早晚会爆发战争。我们的诉求，特别是女人，不能随心所欲，要符合"整体"。

两个人的关系，症结常常就在这里。现在是 80 后结婚的高峰期，他们大都是独生子女，从小没有"我们"和"整体"的概念。为什么离婚案件这么多，闪婚闪离闪复？明明是两个人的事情，却常常说的是"我"——我不开心，我不高兴，我不想，我不去，我讨厌，必须听我的……都是"我"字当头。这样的话，要婚姻幸福很难。

我就想气气他

可是，我们还是无法责怪这个新娘，责怪她那么情绪化、那么无理。像这样的新娘不在少数，因为，她们一个个都是父母，尤其是各位母亲造就出来的，是各位母亲亲自打造了这样情绪化的人。

第八章

夫妻相处的要素

2008年一天的中午，有一对新人站在一家五星级酒店的门口，迎接亲朋好友几千号人，参加和见证他们的婚礼。这是当地有史以来最为隆重的一场婚礼。两个孩子都是"富二代"，双方父母在当地商界都是数一数二的人物，人们称他们之间的结合叫"强强联合"。

婚礼第二天上午的9点钟，这对新人就站在当地的民政局门口，等候办离婚手续。

记者赶去采访，跟这个昨天的新娘沟通，因为离婚是新娘提出来的。记者问新娘："什么原因让你这么快离婚，你们结婚还不到24小时。昨天你们就在对面的五星级酒店举行那么隆重的婚礼，而今天居然在这里等民政局开门办离婚证。总有个原因吧？你愿意说吗？"

新娘子撅着嘴，用手指着新郎说："这个人让我不爽，我就想气气他……"

如果你是一个妈妈，你一辈子努力工作，辛苦做事，省吃俭用，给她举办了那么一场隆重的婚礼。而她只是为了要气气他，就要去离婚，并给你造成经济上损失以及思想上、情绪上、面子上的困扰。如果换做你，你将如何消解这个难题呢？

可是，我们还是无法责怪这个新娘，责怪她那么情绪化、那么无理。像这样的新娘不在少数，因为她们一个个都是父母，尤其是各位母亲造就的，是各位母亲打造了这样情绪化的人。

独生子女婚姻不幸，还有一个重要原因，是双方家庭参与其中。丈母娘把女婿当外人，姑娘才是自己的；婆婆把媳妇当外人，只有儿子才是自己的。能否把女婿当儿子，把媳妇当成自己的女儿一样对待呢?

丈夫，你辛苦了！

所以我泪流满面，就因为这几分钟的视频。从此以后，我待老公的方式就变了，态度好了很多。我常常想，我这句话说出来，他会不会背地里咬碎牙呀?

在这里，我布置一个作业。如果你已为人妻的话，现在放下这本书，到网上找一段视频，在夜深人静的时候，一个人躲起来去看，旁边一定不要有人。这段视频叫《丈夫你辛苦了》,MV 是于文华唱的，于文华和朱时茂演的。

歌中唱道：

没事的时候也不觉得啥，
有了事没你还真抓瞎。
要说这过日子你才是主心骨，
你东奔西忙支撑起这个家。

丈夫你辛苦了，

丈夫你辛苦了。

一年年孩子长大，

你也有了白发。

丈夫你辛苦了，

丈夫你辛苦了。

一年年孩子长大，

你也有了白发。

再难的日子没见你流过泪，

也许你背地里咬碎过牙。

丈夫你辛苦了，

有些时候你也发发火，

我知道你工作的压力很大。

钱是不好挣啊也不禁花，

你没让妻子手里头太紧巴。

丈夫你辛苦了，

丈夫你辛苦了。

一天天疼爱孩子，

你更孝敬爹妈。

丈夫你辛苦了，

丈夫你辛苦了。

一天天疼爱孩子

你更孝敬爹妈。

再甜的日子没见你奢侈过，

你尽量让家里不缺啥。

丈夫你辛苦了……

　　这段视频，我一连看了十遍。十遍看完，眼睛都哭肿了，哭到什么程度呢？哭到头一边摇一边发出"喉……喉……喉"的声音。

　　我在想啊，我老公跟我结婚24年，像我这么不讲道理、强势霸道的女人，一定让他暗地里咬碎过牙——过不下去了，怎么办？这么霸道，不讲情理，这么凶，什么都要服从她！

　　所以我泪流满面，就因为这几分钟的视频。从此以后，我待老公的方式就变了，态度好了很多。我常常会想，我这句话说出来，他会不会背地里咬碎牙呀？

　　那天看完视频回家，我还认认真真地掰开老公的嘴巴，检查老公的牙有没有碎。

　　就因为这段视频，我从此还养成了一个习惯：每天下班回家，车子一发动，就开始唱歌"丈夫你辛苦了，丈夫你辛苦了。一年年疼爱孩子，你也有了白发。丈夫你辛苦了……"回到家，他如果在家，怎么看都觉得他情绪很好：老婆你回来啦！

　　每天唱歌回家真好，真美。你要不要试试看？

妻子，你辛苦了！

妻子你挺辛苦，有你的日子能过富，一家老小都和睦。你辛苦为了全家福，细水长流过日子，全靠你简朴。妻子你挺辛苦，有点安慰就满足，丈夫心里最有数。

如果你已为人夫的话，现在放下这本书，到网上找一段视频，在夜深人静的时候，一个人躲起来去看，旁边不要有人。这段视频叫《妻子你辛苦了》，MV 是由佟铁鑫唱的。

歌中唱道：

起早贪黑紧忙活，
上班回来就下厨。
每天三顿家常饭，
一年三百六十五。

买菜烧水洗衣服，
下有儿女上有母。
为了孩子操碎了心，
一年三百六十五。

妻子啊妻子挺辛苦，
你苦净在心里苦。

精打细算过日子，
常把家缝补。

妻子你挺辛苦，
有你的日子能过富。
妻子你挺辛苦，
一家老小都和睦，都和睦。

一家老小都和睦，
辛苦为了全家福。
细水长流过日子，
全靠你简朴。

妻子你挺辛苦，
有点安慰就满足。
丈夫心里最有数，
丈夫心里最有数。

这个视频也很棒，老公们多看几遍吧，也唱着《妻子你辛苦了》回家，太太的脸色一定会很好看的。

感谢艺术家们为我们奉献了那么美的歌曲，让我们深受启发，懂得怎样真正体会对方。懂得体会对方，夫妻关系就变得简单了，从此觉得一切都变得轻易，犹如有神力相助。

如果你不明白我在说什么，请看以下几本书：《水知道答案》《秘密》《吸引力法则》《零极限》。

夫妻剧场

两个人面对面站着，男人看着太太说："老婆，你
和我结婚十多年了，我的事业一直不顺，到现在也没让
你过上舒心日子，老婆，像我这样的老公，你还爱吗？"

我的课程上，来了一对夫妻，太太不停地跟我抱怨："陆老师，这次，
我终于把我老公拉来一起听你的课了。他太没有出息了，我跟他结婚真是
倒霉，挣钱不会，培养小孩不会，脾气又很差……我到底找他干吗？"

我问她："老公知道你对他有这么多不满吗？"

"他知道。他有时候不说话，有时候跟我吵。"

我让这对夫妻在课程上面对面站着，中间大概隔十步的样子。十步是
他们身体之间的距离，也是他们两颗心的距离，是他们之间互不接受的鸿
沟。

我站在男人身后，教男人说话。其实这些话一直在男人心里，但是他
不敢说，或者不知道怎么说。

两个人面对面站着，男人看着太太说："老婆，我跟你结婚十多年了，
我的事业一直不顺。我不会挣钱，到现在也没让你过上舒心日子，老婆，
这样的老公，你还爱吗？"

你猜太太回答什么？

太太迟疑了一下，抬起头说："我还是爱的！"

于是，男人走近一步。两人的距离拉近了一步，心的距离也近了一步，
鸿沟变小了。

面对面，老公看着太太的眼睛说："老婆，我们生了一个儿子，我特别不会带儿子。在我小时候，我的父母对我不是打就是骂，现在我看见儿子的样子，很像我当年的样子。所以我一看见他，就想揍他，我没有其他办法，一点办法也没有。老婆，这样的老公，你，还爱吗？"

女人泪流满面，抬起头说："我还是爱的！"

于是，男人再走近一步。两人的距离又拉近了一步，心的距离也近了一步，鸿沟变得更小了。

面对面，老公看着太太的眼睛继续说："老婆，你说我每天晚回家，不顾家。其实我工作不忙，我只是不敢回家，怕看见儿子，怕听你数落，所以下班后我就在办公室待着，让自己看上去很忙的样子。我很没出息。老婆，你找错老公了，这样的老公，你还爱吗？"

老婆哭出声来，点点头说："我还是爱的！"

面对面，老公心疼地看着对面的太太，缓缓地说："老婆，我会努力的，以后我都听你的。你还愿意相信我吗？老婆，这样的老公，你还爱吗？"

老婆哭得瘫了下去，说不出话来，用力地点了点头。

语言是用来相互理解的，不是用来相互吵架的。看似不共戴天的夫妻俩，看似无法调和的矛盾，三句话让两个人的心靠拢了。

所以，理解万岁，爱情万岁，亲情万岁！

有时候，夫妻之间的矛盾是因为相互比较而产生的。我在这里做个提醒——女人什么教都可以信，基督教、佛教、伊斯兰教都可以信，你是自由的，但千万不能信两个"教（较）"，一个是"比较"，一个是"计较"。

比较，让我们变得贪婪，贪得无厌。一只老虎、一只豺狼、一只狮子吃饱了的话，动物或人走过它们身边它们是不侵犯的。可是，我们人却永远都觉得不饱不够，饱了也不够。

我们在生意和工作上花的时间和工夫，与在家庭经营中用的时间和工夫，是不成比例的。我们经过比较，车辆的档次越来越高，房子的档次越来越高，随身包、手表的档次，甚至太阳镜的档次越来越好，亲情却越来越弱，换妻的速度越来越快。

我们只顾贪婪，等到你很富足很有钱的时候，突然发现自己失去了很多，而那失去的都是用钱补不上的东西。你想一想，钱如果有用，乔布斯会这么早就死吗？

人们最难懂的事是，生命中到底什么是重要的？

你有什么？你要什么？

> 通常，这个游戏做完，每个人都会觉得，其实我们有的太少，给予的太少。要的和给的两者常常不匹配。

现在，我来教你一个小游戏，你可以选择跟你的老公一起来做。现在，我们找一个伙伴——张勤勤来演示给大家。在游戏中，你想到什么答什么，用直觉来回答，让自己放松，让直觉出来，一切要真实地呈现。虽然只是个小游戏，却威力巨大。

两个人坐在椅子上，面对面，膝盖碰膝盖，双手握在一起。这个游戏是一问一答，现在我和张勤勤演示给大家看。我们演示的是：我来问，张勤勤来回答，时间是五分钟。超过五分钟可以，但绝对不能少于五分钟，回答的人不要长篇大论，不要用讲故事的方式。

陆老师问："对你的家庭来说，你有什么？"

张勤勤答："我有什么啊？我有认真，对，认真。"

陆老师问：“对你的家庭来说，你要什么？”

张勤勤答：“我要什么啊？我要幸福，对，要幸福。”

陆老师问：“勤勤，对你的家庭来说，你有什么？”

张勤勤答：“我还有努力。”

陆老师问：“勤勤，对你的家庭来说，你要什么？”

张勤勤答：“我就要幸福。”

陆老师问：“对你的家庭来说，你有什么？”

张勤勤答：“我有付出。”

陆老师问：“对你的家庭来说，你要什么？”

张勤勤答：“我要孩子有出息。”

陆老师问：“对你的家庭来说，你还有什么？”

张勤勤答：“我还有努力。”

陆老师问：“对你的家庭来说，你还要什么？”

张勤勤答：“我要大家都好。”

陆老师问：“勤勤，对你的家庭来说，你还有什么？”

张勤勤答：“我有不断地为家庭去付出。”

陆老师问：“对你的家庭来说，你还要什么？”

张勤勤答：“我要父母都健康，每个人都健康。”

陆老师问：“勤勤，对你的家庭来说，你还有什么？”

张勤勤答：“我还有不断地学习、进步。”

陆老师问：“对你的家庭来说，你还要什么？”

张勤勤答：“我要别墅。这可以说吗？”

陆老师问：“勤勤，对你的家庭来说，你还有什么？”

张勤勤答：“我还有赚钱的能力。”

陆老师问：“勤勤，对你的家庭来说，你要什么？”

张勤勤答：“我要我的家人，因为有我而变得幸福。”

陆老师问："勤勤，对你的家庭来说，你有什么？"

张勤勤答："我有不断地充实自己，不断地进步。"

陆老师问："勤勤，对你的家庭来说，你要什么？"

张勤勤答："我要我的家人都幸福。"

陆老师问："勤勤，对你的家庭来说，你有什么？"

张勤勤答："还有能力的提升，我要觉得我能掌控自己。"

陆老师问："勤勤，对你的家庭来说，你要什么？"

张勤勤答："我要我的家人都幸福。"

陆老师问："勤勤，对你的家庭来说，你还有什么？"

张勤勤答："我有不断地要求自己进步，以前我不够好。"

陆老师问："勤勤，对你的家庭来说，你还要什么？"

张勤勤答："我要我的老公觉得，这个妻子真好。"

陆老师问："终于说到老公了。勤勤，对你的家庭来说，你还要什么？"

张勤勤答："我要我的父母、老公觉得有了我就很安心、放心。"

陆老师问："勤勤，对你的家庭来说，你还有什么？"

张勤勤答："我有最善良的心，我会营造轻松的家庭氛围。"

陆老师问："勤勤，对你的家庭来说，你还要什么？"

张勤勤答："我要家人的认可，我要成长的空间。我们一家人永远在一起，幸福地过日子。"

这个简单的游戏，内容很深，回答的人开头在头脑放松后会进入潜意识。

这个游戏，可以跟老公做，可以跟孩子做，可以跟家里所有人做，只要求两个人单独地面对面。时间一定要做到五分钟以上，因为只有五分钟以上，人们才会放下头脑，来到内心，走到一个真实的状态。

通常，这个游戏做完，每个人都会觉得，其实我们有的太少，给予的太少，要的太多，要的和给的两者常常不匹配。

这个游戏，可以加深彼此之间的关系，增强家庭成员之间的感情。我们要在这个游戏里面，觉察我们的状态，发现我们的盲点，这是游戏最棒的地方。

这个游戏每做一次，都会有不同的结果——大家开始做得好沉重，好像都要表达得有光彩和水准。到最后，所有人只要快乐幸福，只要和睦笑脸，只要理解和简单，甚至只要一句问候的话："老婆，你回来啦。"

其实，我们都只要简单的东西。这个游戏威力非常大，经常做做，可以让我们回到本我的状态，让我们变得简单和安宁。

孩子和另一半，谁更重要？

现在有许多的孩子，到结婚的年龄不愿意结婚，迟迟不肯走进婚姻，其中的很大一部分原因，是因为他们在小的时候，亲眼目睹了自己的父母在打架和吵架中过日子，所以小时候就在他们的潜意识里种下一颗种子——婚姻是可怕的，是互相纠缠不休的，所以婚姻不值得向往，不能进入。

越来越多的中国家庭成为以孩子为中心的家庭，而一些学者的研究结果显示，以孩子为中心的家庭，不仅影响夫妻的正常交流，还会造成孩子长大后，过于以自我为中心而产生婚恋困难。下面是一道家庭情感重心测试题，看你们对于孩子的情感注入是否处在一个恰当的比例：

第一，你们有多长时间没有两人单独相处：

A 半年　B 两个月　C 一周

第二，如果你的孩子还小，睡觉的时候：

A 你和爱人分开睡　B 孩子睡两人中间　C 孩子睡另一个房间

第三，孩子已经大了，每次进你们的房间时：

A 还没与孩子分开房间　B 不打招呼就进入　C 敲门后进入

第四，在配偶与子女之间，你觉得自己更关心哪一个：

A 还是子女可爱　B 孩子还小，更需要关心　C 配偶重要

第五，你们出去散步，游玩时：

A 总是领着孩子，无暇顾及对方　B 领着孩子，但也跟老公说悄悄话
C 不领孩子，觉得还是两个人在一起比较好

第六，一些比较亲密的话：

A 不当着孩子的面说　B 当着孩子的面，但也注意分寸　C 当着面可以说

第七，照顾孩子之余，仍保持着恋爱时的种种情调，如吃过饭放点音乐，散散步或跳跳舞：

A 很久没有这样了　B 有时也想这样　C 几乎跟以前一样

第八，当爱人和孩子同时跟你说话时：

A 你总是注意听孩子的　B 先听内容重要的一方，然后让另外一个说
C 当然先听爱人说

　　这八个题目，你是知道正确答案的，但是，那并不代表你正在照着正确的答案做。我想再一次告诉你的是，夫妻关系永远是人间第一关系。夫妻关系好的，相亲相爱过日子的，懂得尊重和体贴对方的，孩子是不需要教育的，你们就是他的榜样。当他长大，他的婚姻关系也会是幸福的。

　　现在有许多的孩子，到结婚的年龄不愿意结婚，迟迟不肯走进婚姻，其中的很大一部分原因，是因为他们在小的时候，亲眼目睹了自己的父

母在打架和吵架中过日子，所以小时候就在他们的潜意识里种了一颗种子——婚姻是可怕的，是互相纠缠不休的，所以婚姻不值得向往，不能进入。

上面讲的这些问题，是来纠正你的做法的。至此，"谁是第一位"的问题极其明确：第一位的是伴侣，而不是孩子。

第九章

好夫妻特质

好夫妻的特质是什么？你看完这一章会觉得答案很简单。

在夫妻关系中，你可能已经经历了很多，也形成了自己对夫妻关系和目前社会夫妻整体状况的看法。你带着怀疑和恐惧，经营着自己的夫妻关系，用社会整体状态来评估自己的夫妻关系。这是不对的。

你愿不愿付出所有的代价，让夫妻关系变好？

其实你要付出的代价并不大，只要改变家庭的语言系统，把好夫妻特质中讲到的八句话，变成你家庭语言系统中常被使用的语言，那么你的家庭氛围不需要多久就可以变得很好。

家庭氛围好，就是风水好。

前几天，桂林有一位女性打电话给我："我对老公失望至极，我们准备要分手，老师你看呢？"

我回答："一个女人要结三次婚——跟老公结婚，跟他的缺点结婚，跟他的家人结婚。所谓结婚，就是接受，你做得如何呢？你确认提出离婚，不是因为情绪吗？你确认今后他过得好或过得不好，你都不会遗憾吗？你不会像有的人那样，离三次婚才悟到真理吧？"

成就事业就看你能不能持续，成就家庭也看你能不能持续。

幸福家庭罪人多

没错认错，这是第三种状态，是最高境界，是有智慧的人做的事。因为你的愿望是和谐，和谐高于一切。

你没错而认错，另一方便内疚。

第一个好夫妻的特质——家里罪人多。

啥叫"罪人多"？好夫妻家里"罪人多"，就是凡事积极认错，家里积极认错的人多。

"太太，这个事情是我错了。看到你不高兴，我就知道我错了。"

"老公，这个事情我错了，我错了；我的肚量太小了，我错了，是我不对。"

如此等等。

错了不认错，死不认错。这是第一种状态，这是不懂事的人。这样做，是很伤害关系的。有的人说："陆老师，我就是知道自己错了，我也不认错。"我想问你："你明知自己错了而不认错，那在你心中重要的是夫妻关系还是你的所谓的面子？"

错了认错。这是第二种状态，这是懂事的人。错了当然应该认错，不光用语言，还要用行动。

没错认错，这是第三种状态，是最高境界，是有智慧的人。因为你的愿望是和谐，和谐高于一切。你没错而认错，另一方便内疚。

真　实

夫妻间秘密太多。男人回家，一个最简单的事——洗澡，就让男人很纠结：因为他不知道是把手机放在外面好，还是带进浴室好。放在外面的话，太危险；带进浴室的话，又明摆着有鬼。

好夫妻的第二个特质——真实。

男女双方一开始就要真实。在蜜月期假装太多，过了蜜月期就危险。真实就活得不累，因为不用掩饰。

今天做了一件事情，千万不能让自己老婆知道，夫妻间秘密太多。男人回家，一个最简单的事——洗澡，就让男人很纠结：因为他不知道把手机放在外面好，还是带进浴室好。放在外面的话，太危险；带进浴室的话，又明摆着有鬼。可是，一离开家，明知是危险的事，又不由自主地去做，做了又要保密。不说别的，人类的很多重大疾病，与人的这种生活状态有关。

有的人，老婆早晨起来说"老公，你昨晚说梦话了，说了好多梦话。"

一听这话，他就很紧张，心里有鬼一下就被看出来了。有的老公还追着老婆问："我说什么梦话了啊？"你内心藏着的很多东西，睡着了可能没盖住。

你何必活得那么辛苦呢？女人都是天生的心理学专家，她们的直觉很灵，做了三年以上的夫妻，谁还不知道谁心里的那点东西。

有的夫妻一辈子在做猫捉老鼠的游戏。就算这出游戏做得刺激，你也赢了，你也瞒天过海了，而你的身体会用疾病的方式全面真实地反映出来。

让爱和被爱同时发生

吸气和吐气同时进行，这是身体的法则；爱和被爱同时进行，这是关系的法则。

第三个好夫妻的特质——让爱和被爱同时发生。

爱和被爱如同呼吸，同时发生才能持久。新娘，等着别人爱她、照顾她，这样的爱只有吸气没有吐气，而只有吸气没有吐气，付出的一方不可能长久。同样，得到的一方也不可能长久。

吸气和吐气同时进行，这是身体的法则；爱和被爱同时进行，这是关系的法则。身体需要呼吸，感情也需要呼吸。什么东西是活的？就是重复循环、一阴一阳交替进行的东西。

只有一呼一吸，才会让你的身体和感情，充满活力和激情。当生命创造出越来越多的爱和被爱的循环往复的时候，生命就显得鲜活和欢快。

这是真理，请记住真理，活出真理。

让过去尽快过去

人人都可以成为伟人，因为伟人只要做到让过去尽快过去。如果你愿意，你也可以做到。让过去尽快过去，就是让坏的尽快过去，让好的也尽快过去。

第四个好夫妻的特质——让过去尽快过去。

人人都可以成为伟人，因为伟人只要做到让过去尽快过去。如果你愿意，你也可以做到。让过去尽快地过去，就是让坏的尽快过去，让好的也尽快过去。

如果今天有一件事让你非常不高兴、情绪不好，你就跟自己说："这是一片不高兴，它不是我的不高兴，它正好飘过我的面前，我要它尽快地飘走。"

如果今天有一件事让你非常愤怒、怒气冲冲，你就跟自己说："这是一片愤怒，它不是我的愤怒，它恰好飘过我的面前，我要它立即飘走。"

如果今天在单位里有一件事让你很沮丧，你谁也不怪，你就跟自己说："这是一片沮丧，它不是我的沮丧，它正好飘过我的面前，我要它立即飘走。"

如果今天有一件事让你特别兴奋、得意忘形，你跟自己说："这是一片快乐，它不仅仅是我的快乐，它正好飘过我的面前，我要它也飘到别人身边。"

另外，好夫妻是有特定的家庭语言的。有些语言，禁止使用，比如"我就知道你会""男人没一个好东西""哼，嫁给你真是倒了八辈子霉了""我算看透你了"。有些语言，要多加使用，熟练使用，张口就来，让这些语言成为你们家庭语言系统中的主要组成部分，成为家庭生活的养料。

哪些语言称得上是"家庭生活的养料"呢？以下七句。这七句，是我布置的作业，你要经常使用，每天至少拿出两条来说一说。

幸亏有你

> 这句话在家里连续说了两个月后，有一天，夫妻两个人躺在床上准备睡觉了，老公突然从床上坐起来说："老婆，你今天没有跟我说'幸亏有你！'"

第一句话——幸亏有你！

每天像念口诀一样，看见老公："哎呀，老公，幸亏有你！"第一遍讲的时候，老公可能认为你有病，他觉得不舒服或别扭：

"搞什么？哪里去洗脑回来了！"但他说这话时心里很满足，太太们不要被他的假象所蒙蔽。

我有一批学员是一家上市公司全国八百多个销售点的经理太太们，太

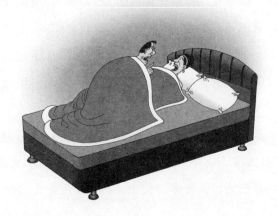

太们听过我三天的《魅力夫人训练营》，回去都跟老公讲"老公，幸亏有你！"老公们开始莫名其妙，但太太们仍坚持说。心理学的作用，有时很难用指标来衡量的，这句话在家里连续说了两个月后，有一天，夫妻两个人躺在床上准备睡觉了，老公突然从床上坐起来说："老婆，你今天没有跟我说'幸亏有你！'"

这句话还可以用在同事、上下级、亲朋好友、家长与孩子，以及与陌生人之间，效果都非常好。把"谢谢"换成"幸亏有你"，就是为你的人际关系添加了润滑剂。

我错了，请你原谅我

示弱，是优秀的品质。你经常说："我错了，请你原谅我。"然后老公会对你说："老婆，你没有错。你真的是个好老婆。"

第二句话——我错了，请你原谅我！

在家里，强的一方要学着说"我错了"，要学着示弱。曾经有一个学员在课上提问："陆老师，我从来不错。我这个人就是比较爱学习，不断进步和成长，所以我从来不错。我老公不爱学习，不成长不进步，家里两人有错的话，从来都是他的错。我从来不错，难道也要说这句话吗？"

有一个学员，脾气很冲，听到她这样讲话，当即站起来说："我来回答你这个问题！你这话讲得很无耻啊，你高高在上本身就是错。"

示弱，是品质。经常说："我错了，请你原谅我！"然后老公就会说："老婆，你没有错。你真的是个好老婆。"

我需要帮助，请你帮助我

第三句话——我需要帮助，请你帮助我！

这句话，也是示弱，你说："老公，你别生我的气了。我需要你的帮助，请你帮助我！我真的感到很无助。"

人是很容易心软的，也很容易满足的，所以当你真心请求帮助的时候，全世界都会来帮你。

女人都太强了，强到大概生孩子都只需要自己一个人了。女人气愤地说："要生孩子不用靠他就好了。"老天爷听了这话，都不知道怎么说你了。

你真棒，我爱你

第四句话——你真棒，我爱你！

当看到对方有一丁点努力的时候，你就对他说："你真棒，我爱你。"

这句话，也要常常用在孩子身上。

也是在那次《魅力夫人训练营》上，第二天的回家作业是跟老公说："老公，你真棒。我爱你！"

王太太回家试探老公："老公，如果我跟你说'你真棒，我爱你'，你会怎么样？"

老公说："我听了会昏过去！"

第三天上课讲作业完成的情况，王太太说："我老公说，听了'你真棒，我爱你！'会昏过去。"

陆老师："很好。今天回去问他'昏过去醒过来后，会怎么样？'"

王太太再来的时候，人都高兴得变形了："我问了他'昏过去醒过来后你会怎样？'老公说，昏过去以后我一醒过来，高兴得不得了啊，飘飘欲仙啊！"

谁都不会嫌表扬多的。

我欣赏你，我真的好欣赏你为我做的

> 心理学的结论是，越是比较难以说出口的话，越是比较肉麻的话，说出来效果会越好。

第五句话——我欣赏你，我真的好欣赏你为我做的！

这句话，很多人觉得挺难说出口，挺肉麻的。心理学的结论是，越是比较难以说出口的话，越是比较肉麻的话，说出来效果会越好。不好意思说、觉得肉麻的时候，就说得含糊一点，说几次你就习惯了，心理上也就过关了。

一件事情发生，从来没有百分百是别人的错，即使真的完全是对方的错，也要跟那人整合到下一步。从摆出欣赏的笑脸开始，你便把自己从关系的牢狱里解救出来。

我相信你，不管过程如何，我相信你

> 每个人都需要被别人鼓励。说这些，你如果觉得假，那就从假开始吧。

第六句话——我相信你，不管过程如何，我相信你！

这是给予别人力量的一句话。看到这里，你又开始怀疑：夫妻之间真的需要这样说吗？真的需要吗？对！当然，如果你们没什么问题，也没有什么需要隐藏的问题，两个人从来都是非常坦诚和真实的，不说这些话也是没关系的。

但是，家庭中难免有矛盾和摩擦，所以当你感到对方无助或茫然即需要鼓励的时候，最好对你的另一半说出这些话。

每个人都需要被别人鼓励。说这些，你如果觉得假，那就从假开始吧。

我能为你做什么吗？

　　每听到他说"老婆，我能为你做什么吗"的时候，我一定会发自内心地跟他说："我下辈子还要嫁给你。下辈子相隔再远，哪怕翻山越岭，我也一定找到你，嫁给你。"

第七句话——我能为你做什么吗？

　　这句话，是我从我的老公那里学来的。我老公在一家国企上班，平时很忙，到周末的时候，他会问："老婆，这个周末我能为你做什么？"

　　因为他知道我周末比较忙，讲课任务多。听到这话，大家可以想象一下我有多满足！他还没做什么，我就已经很满足了。

　　每听到他说"老婆，我能为你做什么吗"的时候，我一定会发自内心地跟他说："我下辈子还要嫁给你。下辈子相隔再远，哪怕翻山越岭，我也一定要找到你，嫁给你。"

小灵魂与太阳公公

"我是一个和善天使，我现在开始配合你，在人间扮演一个恶毒得不得了的人——在人间，我是一个对不起你的人，是你所痛恨的人，是伤害你的人。我扮演这个角色的目的，是为了让你修好'宽恕'的功课。"

没有一个人，可以独立地生活在这个世界上。人世间生活的第一要件是关系。所以，在这本书里，我们前半段讲个人智慧，后半段则讲关系之间的相处。

现在我们来清理和整合一下从前的关系。

如果，在今天之前，在你的关系里面，尤其是你的两性亲密关系当中，有过误会、失望、伤害甚至绝望的，有过放弃的，现在请听我讲下面这个故事。

这个故事的名字叫"小灵魂与太阳公公"。

所谓"小灵魂"，就是小天使，就是光。在它成为人之前，小灵魂一直在天堂里生活。这个故事的开头，跟我们前面讲的故事有点类似，小灵魂看着天堂里样样都有，天蓝地绿，物质非富，想要什么就能得到什么，过久了也觉得无聊，总想下凡做点什么。

有一天，小灵魂跑到太阳公公那里，说："太阳公公，我能不能到人世间去一趟？"

太阳公公："小灵魂，告诉我，你去这一趟要做什么？"

"太阳公公，这一趟，我想好了，我下凡去修一门功课，这门功课叫'宽恕'。"

太阳公公一听，脸马上阴了下来，一脸担忧地跟小灵魂说："小灵魂，这个功课，太难修了。这是人类所有功课当中，最难修通的一门功课。有的人生生死死几辈子，都完成不了这门功课。你真的决定要下凡去修'宽恕'吗？"

"是的，我决定了。太阳公公，你就相信我吧。"

太阳公公点点头说："好啊，小灵魂，如果你的意愿这么强烈，而且有勇气的话，你就去吧！"

太阳公公说完，只见一道光，从远处飘来，慢慢地暗下来，靠近小灵魂，最后在小灵魂旁边站定，跟小灵魂说："听说你要去人间修'宽恕'的功课，我来跟你搭档，我们两个一起去修吧。"

"为什么，为什么你要跟我搭档？"小灵魂奇怪地问。

"因为我要去扮演一个角色。如果你在人间碰不到我扮演的这个角色，你就修不成'宽恕'这门功课的！"

"那你扮演什么角色呢？"小灵魂问。

"我是一个和善天使，我现在开始配合你，在人间扮演一个恶毒得不得了的人——一个对不起你的人，你所痛恨的人，伤害你的人。我扮演这个角色的目的，是为了让你修好'宽恕'的功课。"

和善天使看上去很需要勇气："如果我不扮演这个角色，你什么时候可以修成'宽恕'这个功课呢？没有我扮演的角色，你在人间过得顺顺利利的，是永远修不成这门功课的。所以呢，修这门课要有人配合。"

和善天使最后叮嘱说："小灵魂啊，你一定要记住我是和善天使，我们在人间修这门功课的时候，我的出现，始终是让你非常讨厌的、愤怒的、剁成肉酱都不能原谅的角色。你一定不能忘记我是一个和善天使，我只是为了帮助你修成这门功课，才做这个角色的。"

"小灵魂，我可能扮演你的老公，可能扮演你的婆婆，可能扮演你的上级，可能扮演你的同事，反正我就是扮演一个不让你好好过日子的人。但是，你绝对不能忘记我是和善天使。如果你忘记了，我就永远不能回到天堂了。小灵魂，千万要记住啊！"

现在你想一想，在你的人生当中，有这样的配合你修宽恕的"和善天使"存在吗？一定有吧，而且还不止一个吧！

他们有的得罪过你，有的让你痛不欲生，有的让你恨得牙痒痒……这样的人可能是你的老公，也可能是你的小姑子；可能是你的孩子，也可能是你的婆婆；可能是你的同事，也可能是你的事业伙伴；可能是你的妈妈，也可能是你的老师。

你这个"宽恕"功课修完了吗？"和善天使"们尽职了吗？你没有忘记他们是跟你配合的"和善天使"吧？

当你遇到一个非人的待遇的时候，你会原谅他们吗？如果会，就是你已经学会宽恕了。恭喜你，你把人世间最难的功课学成了。

在亲密关系即两性关系、夫妻关系里面，真的常常会让我们感觉生不如死。但是，这一切都是来成就我们的生命的，是要让我们的生命到达更高的层次的。死之时比生之时，灵魂总要变得高贵一些、漂亮一些吧！

让我们一起慢慢修吧，遇到困难的时候，我会帮助你。

去去就来

家是你永远待的地方。你去上班，那你去去就来；你去上学，那你去去就来；你去出差，那你去去就来；你去喝酒，那你去去就来；你有外遇，那你去去就来。

做女人的智慧是什么？答案：做一个孵化器。

概括地说，有足够容纳的能力、足够孕育的能力、足够宽恕的能力、足够宽容的能力，是女人富有智慧的表现。

有时候你不懂，老公有外遇其实是他都不知道的内在意识，拿来修你宽恕能力的。

日本女人每天送老公或孩子出门，都说一句："去去就来。"家是你永远待的地方，你去上班，那你去去就来；你去上学，那你去去就来；你去出差，那你去去就来；你去喝酒，那你去去就来；你有外遇，那你去去就来。

这是一种容纳，最难的容纳；这是一种孕育，最难耐的孕育；这是一种宽容，是哭过恨过后释然的宽容。

优秀的女人，用"去去就来"孕育出一个优秀的男人和优秀的家庭。"去去就来"是聪明女人用的方法，一般人用不上。没有深厚的智慧作为基础，

没有博大的胸怀去承载，一般人如何能做到？

女人啊，都忙着丰胸，其实女人最该丰的不是把 A 罩杯丰成 D 罩杯，而是要丰胸怀。

胸怀，是一种"母仪天下"的风范。

别轻易走出婚姻

> 男人的本性是简单，怕麻烦。太太唠叨，他就躲，
> 一不小心就可能躲出一个"小三"来。时间长了，"小三"
> 也追着他要钱要房子要名分，结果他开始跟"小三"吵，
> 躲"小三"，躲来躲去，他又躲回家了。

女人，常常眼睛里容不得沙子。第三者出现，太太马上就跟他一刀两断。女人真是慷慨，别人跟你抢东西，你马上拱手送上，所以女人提出离婚的机率是男人的两倍还多。

特别是一起创业的，等创下了很大的家业，女人突然发现老公有外遇了，还没怎么样呢，马上就大义凛然地提出离婚："如同我的眼睛里进了沙子，一刻都不能等。"

太太想当然，走出婚姻的时候说："我一定要，也一定能再找一个比他更帅更有钱更有地位的忠心耿耿的永远爱我的新老公。"

当她一走出婚姻，放眼望去，好男人都在人家家里。若干年以后，自己就成为当初走出婚姻时最痛恨的那个角色。其实，如果真的能顺利走进第二段婚姻，仍有可能还需要面对新老公的外遇问题。

那么，发现老公有外遇，怎样做才好呢？建议向 80 后、90 后虚心学习：

"我们才没那么傻呢，我要夺回失去的阵地，'小三'们未必能取得最后的胜利，毕竟我是占优势的。我要用智慧跟'小三'战斗。"

男人的本性是简单，怕麻烦。太太唠叨，他就躲，一不小心躲出一个"小三"来。时间长了，"小三"也追着他要钱要房子要名分，必然导致他跟"小三"吵，一吵他就躲，躲来躲去他又躲回家了。

一场战役，谁能赢？懂事的女人、不情绪化的女人赢了！

不抱怨的世界

> 女人总以为自己是首饰盒，不知道其实是垃圾桶，
> 负面情绪特别多，抱怨的情绪每天都让自己很无力。
> 停止抱怨的药方是：去穿越我们无能为力的东西，去
> 负责任。

我们的世界中，每天都充斥着抱怨。抱怨中有多少是关于夫妻关系的抱怨呢？大概占到70%。每个人抱怨的能力足够，但你问一问自己，到底准备什么时候停止抱怨、面对问题并愿意解决问题呢？当你手里握有抱怨，你又如何思考明天呢？

女人总以为自己是首饰盒，不知道其实是垃圾桶，负面情绪特别多，抱怨的情绪每天都让自己很无力。我为你开出的停止抱怨的药方是：去穿越我们无能为力的东西，去负责任。

那么，女人突然受到打击了，多久才能回到中心点呢？

别人有说话的自由，你有生不生气的自由。你生不生气的"按钮"安在自己的身上，还是安在别人的身上？安在别人身上的，别人一说话你就生气。

从今往后，生气之前，你先定一定神，问一问你的心："我的内心发生了什么事情？"

接着告诉自己，即使天空乌云密布，太阳也不会消失。当下你所产生的愤怒和痛苦，是你对现状的抗拒。如果你学会对当下说"好的"，那么你就会发现生活里的一切是为你服务的，不是来与你为敌的。

另外，你的情绪完全来自于你的价值观和你的信念。一样过日子，有人过得幸福，有人过得悲惨；一样走进婚姻，有的人认为婚姻是幸福的，有的人认为婚姻是不幸的；同样是教育孩子，有的人认为很轻松，有的人认为比登天还难。谁也不比我们在过日子和婚姻中遇到的问题少，只是自己大脑中的价值观不一样，处理问题、应对问题的方式方法不一样，结果就非常不一样了。

能不能跨出下一步是你自己的事，谁也帮不了你。我们不怕犯过夫妻关系的错误，不怕犯过家庭中所有的错误。放下过去，跨出下一步，就是胜利。

人的七情六欲都出自内心。如果真的想不开，那也是自己的选择，不能怨天尤人。你目前的生活是你自己的选择。树倒下的方向由风决定，你的方向则由你自己决定。

做妻子的智慧

218

学习的最终目的是什么？

你学了宽恕，让宽恕在你的生命中开始显现！你学了宽恕，但你从来没有宽恕过一个人，你学它干吗？宽恕要变成你的生命状态。

学习的最终目的是四个字——让它显现。

你学了宽恕，让宽恕在你的生命中开始显现！你学了宽恕，但你从来没有宽恕过一个人，你学它干吗？宽恕要变成你的生命状态。

幼儿园让孩子学画画。为什么要孩子学画画，学画画让他们呈现什么？呈现审美的能力，懂得色彩、层次和布局。

为什么要学计算？如果我们的孩子要学计算了，就是要让计算能力在他生命中显现。最简单的就是让他知道，买东西该支付多少找回多少。

我们学化学课干吗？学化学的最终目的是懂得次序和顺序。你学了化学，你知道稀释硫酸，知道是应该将硫酸倒进水里，还是把水倒进硫酸里，而且要一边搅拌一边倒进去。你学了化学，就知道如果房间里闻到了煤气的味道，千万不能使用打火机，现场不能有火星。

学音乐的最终目的是什么？为什么我们要学音乐？学音乐是让节奏感在你的生命中显现。什么叫节奏感？知道什么时候做什么就叫节奏感。生命有本身的节奏感，白天工作晚上睡觉，也叫节奏感；觉得疲劳知道休息，也叫节奏感。

学画画、学写字的最终目的是什么？字画的布局结构在你生命中显现，做事情懂得布局结构，就是显现。

学英语干吗？学英语学什么？多一门语言，你相当于多了一双眼睛，多了一个嘴巴，多了两只耳朵。我们没有学英语、不懂英语，走到世界上大多数的国家，就成了聋子、哑巴和瞎子。英语学会了，可以向另外一群人传达中国传统文化的智慧。

那学中国传统文化干吗？中国传统文化里面有一些"风范"的东西，你学通了，就特别有气度，有风范。学的都在你生命中呈现力量。中国传统文化还教你处理问题的方法。《弟子规》教你：父亲要有父亲的样子，儿子要有儿子的样子，爷爷要有爷爷的样子。只有这样，社会秩序才不会乱，家庭才安宁。

学习做妻子的智慧，最终目的是什么？让女人更像女人，让男人更像男人。什么叫更像女人呢？就是更懂得承担起女人应该承担的责任，更愿意做女人该做的一切。

身为女人，如果这一辈子没有把女人那个特质活出来，把女人特有的幸福感活出来，在告别人世的那一刻我们会心有不甘。你说下辈子我还要争取做女人，说明你这辈子做得够精彩；如果你说下辈子我再也不做女人而要做男人，那是因为你没有做过男人，不知道做男人的辛苦。

男人也想当然地说，我下辈子不做男人而做女人，我可以什么也不用做，就靠着男人过生活，同样是因为对女人不了解，你才这样想。

我们告诉大家学习的最终目的，是要让所有学的东西在你生命中呈现出来。

教你的以上七句话，可以化解你遭遇的很多矛盾，但学了不用，你的生活还和原来的一样，就是没有呈现。

看了情感账户的存款和取款，你有呈现吗？你平时想着，我无论如何要做一点事情，去做一点存款的行为，少做取款的行为。这就代表你把学的在生命中呈现了。

认识男人与女人之间的不同，知道老公之所以今天这样对待我，是因为他的男人特质，还是因为我侵犯到他作为男人的底线了？如果是触到他的男人底线，就要在生活中避免。

我们期待本书每一章的内容，都在你的生命中显现。

你是我生命中最重要的人

你是我生命中最重要的人。你在我的生命中，比金
钱和成功更重要；你在我的生命中，比我的事业更重要；
你在我的生命中，有时比我的父母更重要！

现在，我们来做最后一个活动。大家在自己的位置上，像前两次一样，轻轻地闭上眼睛，跟着我的引导来做。

坐在你的位置上，非常舒服地坐着，放松地坐着，把你自己的整个身体都交给椅子，让你的脊柱处在垂直的状态。

现在让自己轻轻地闭上眼睛，做深呼吸。深深地吸气，放松地吐气。当你吸气的时候，用鼻子吸；吐气的时候，用嘴巴吐。吐气的时间，是吸气的两倍。

现在跟着我的速度，深深地吸气，放松地吐气。当你把你的呼吸拉长的时候，你的情绪会平稳下来。

现在我要你在你的面前出现你伴侣的眼睛，看进他的眼睛，不管你们在什么阶段，你都闭上眼睛，觉得他就在你的面前，看进他的眼睛，跟他说以下的话，真心诚意地跟他说：

你是我生命中最重要的人，

你在我的生命中，

比金钱和成功更重要！

你在我的生命中，
比我的事业更重要；
你在我的生命中，
有时比我的父母更重要！

原谅我，
原谅我带给你的所有伤痛，
那些伤痛全都是我带给你的。
现在我明白，
你的幸福对我来说是最重要的。
我愿意放下我的伤痛，
重视你给我的爱。

是你的爱给我延续，
是你的爱给我力量。
我会做你的父亲母亲来保护你，
我会做你的朋友与你分享我的生命，
我会一辈子爱你。

即使你不再爱我，
我也会依然爱你。
即使你年华老去，
我也依然爱你。
我会一辈子照顾你，
这是我心底的话，
我会爱你，一辈子！

　　棒极了，就这样，看进他的眼睛，再跟他说一遍："我刚才所说的，是我心底的话。"

冥想未来

　　从现在开始你决定了，你决定了，今后的几十年的生命，要让你身边的人更幸福，要让家庭更快乐，要让工作更有成就，你告诉自己：我可以做到，我可以做到。

　　现在我要在你的眼前，我要你继续闭着眼睛，想象在你的两眼之间，出现五年以后的今天的一个场景。

5 个 365 天过去了，你过着什么样的日子？住着什么样的房子？开着什么样的车子？和谁在一起？你对你自己满意吗？你觉得对得起这 5 个365 天吗？你觉得现在的状态，你已经付出了最大的努力和贡献吗？

　　敞开你的心，在放松的状态下觉察你的生命，觉察自己有多久不曾体验到成功了，有多久不曾体验到幸福的感觉了；你现在可以聆听到你的内心，对这份成功和幸福的渴望。用心去感觉，是什么在阻碍着幸福进入你的生命呢？再一次做深呼吸，敞开你的心，感觉一下能够自由呼吸的感觉。

　　你今天就默默地告诉自己，如果我的爱不增加，一切都不会根本改变！

　　现在，我要你的面前出现 3 年以后的今天：3 个 365 天过去了，你住着什么样的房子？开着什么车子？和谁在一起？你对你自己满意吗？你为这个世界，为这个家庭，付出了你最大的努力了吗？你对你现在的生活、工作和人际关系，满意吗？

　　现在，我要你在自己面前，在你眉心的地方，出现两年以后的今天：两个 365 天过去了，你对你自己满意吗？你过着什么样日子？住着什么样的房子？和哪一些人在一起？你的家人因为有你，而感到骄傲和自豪吗？你也让自己在这两个 365 天里面，不断地寻求学习成长，呈现更加精彩的生命吗？

　　现在，我要你在自己眉心的地方，出现 1 年以后的今天：1 个 365 天过去了，你过着什么样的日子？住着什么样的房子？和谁在一起？365 天的每一天，每天的 24 小时，你对自己满意吗？你身边的人，因为有你而感到不断的成长和改变吗？

　　你的生命出现在别人面前的时候，是成为别人的榜样，还是成为别人的笑料？你的孩子好吗？你的家人好吗？你在享受着美好的两性关系吗？

　　现在我要你在你的面前出现今天：今天，你的生命中出现了这本书，出现了一些重要的讯息，这些讯息被你听到、看到了，一些新的讯息，这些讯息，是把你的生命带到更高的一个阶段，更美的一个阶段，更成功的

做妻子的智慧

224

一个阶段。

从现在开始你做出决定，决定在今后的几十年的生命里，要让你身边的人更幸福，要让家人更快乐，要让事业更有成就。你告诉自己说："我可以做到，我可以做到。"

从现在开始你做出决定，决定作为一个女人，要为这个世界奉献一份美、一份慈悲、一份快乐、一份轻松。

你对这个世界的贡献，首先是让自己成为一个幸福的存在，然后再让身边的人，变得幸福和快乐。

棒极了，现在你继续地闭着眼睛，让自己深深地吸一口气，放松地吐气。当你吸气的时候，如果你感觉到在这之前，自己在做人方面，为人妻为人母方面，为人同事的过程当中，有一些压抑，有一些紧张，有一些不快乐的话，现在就请你通过呼吸把它吐出去。

我不要你再带着它，让它走，让它走，让它走。当你吸气的时候，你感觉到一股金色的能量，快乐的分子来到了你的生命里面，你要把今天学习到的所有的东西，消化成你自己的呈现，并将它作为献给世界的一份礼物。

棒极了，再来一次，深深地吸气，好的新的吸进来，放松地吐气。你不要的，过去的，属于今天之前的，都吐出去。

好，现在搓热你的双手，按压你的脸部，拉一拉自己的耳朵，往下拉，拉到最长。在按压眼部的过程中，慢慢地睁开你的眼睛。当你睁开眼睛的时候，你决定换一双眼睛来看待这个世界，重新整合自己的生命。

到此为止，我用自己50年的生命经历所总结和感悟到的女人的智慧，无保留地奉献给大家。接下来，我们一起努力。怎样努力呢？第一，要持续；第二，要在正确的方向上；第三，这个努力是互惠的，既对你好也对他好；第四，享受过程。

给自己拍拍手鼓鼓掌吧，要对自己感到非常的自豪。

通过这本书，也许你已经看到了自己未来的曙光。但是，需要提醒的是，这本书，我只写了半部，另半部需要你来写。我的半部叫"知"，你的半部叫"行"。

再一次祝福各位！

第十章

陆老师问答学员

　　女人想问的问题总是很多，今天这么多的问题在这里都有解答。可是，解答只是解答，被你活出来的解答才是真正的解答。

　　你开不开心，你成功与否，都来自关系。与老公的关系，与孩子的关系，与同事的关系，与领导的关系，与一切人、事、物的关系。在这种种关系中，对你影响最为深远的，是你与老公的关系。

　　从起床到睡去，如果你不停地跟老公，跟人、事、物所发生的关系都坚持认为"我是对的"，那么，你的关系和你的学习，就濒临死亡了。

　　这么多问题的解答，其实只是要告诉你一件事：对自己生命里想要的东西，不是对它抱怨而是对它保持永远的耐心和热情。

　　人生是一场伟大的游戏，是一场关于付出爱和接受爱的伟大游戏。想要成功地玩这场人生游戏，必须想好你要给出什么，你能给出什么。

　　给出什么，就得到什么。

第 1 问　看这本书之前，
　　　您有什么要提醒读者的吗？

陆惠萍：看《做妻子的智慧》这本书，我们先要把自己带到一个开放和学习的状态。

因为我们从小到大接受的教育，在不知不觉地影响着我们。如果我们不够清醒，这个教育就可能把我们变成凡事的怀疑者和审查者。

我相信大家能够记起来，我们小的时候，学过一个成语叫"自相矛盾"。

"自相矛盾"的故事是怎么讲的呢？说是在过去啊，有一个人在市场上叫卖他的矛，他拿起矛说：我的矛，非常锋利，什么东西都可以戳得破。

过了一会儿，他又拿起自己的盾说：我的盾非常坚固，什么东西都戳不破它。

说到这里，旁边有一个人，双手绞在胸前，侧着身体，冷笑一声，说："拿起你的矛，戳你的盾啊。"

学了这个成语以后，很多人养成了一个习惯——对外在的一切事物，都带着怀疑和纠错的态度。站在一旁说风凉话，或者在人背后说风凉话，还有的是几个人凑一起说风凉话。网上每天有大量的纠错人物，纠错成了他们的职业。他们跟老师纠错，跟上级纠错，在夫妻间纠错……

如果你听东西和看东西是为了来纠别人错的，这绝对不是好的心态。你其实可以买下矛，拿着这个确实很锋利的矛，去做很多事情。也可以买下盾，拿着这个确实很坚固的盾，去做很多事情。

这就是我们读《做妻子的智慧》要注意的态度。这本书，里面有很多智慧，可以指导我们的生活。读的时候先不要判断，不要带着"自相矛盾"

故事里那个旁观者的态度，一边看一边做怀疑论者。除非，你不想让自己从痛苦或烦恼中走出来，不想让自己的生活变得更好。

这是我们要做的提醒。正如《道德经》第四十一章中所言：

上士闻道，

勤而行之；

中士闻道，

若存若亡；

下士闻道，

大笑之，

不笑不足以为道。

"上士"，即有智慧的人、懂事的人、重视生命成长的人，当他听到一些道理、一些真理，闻到"道"的时候，"勤而行之"，马上去行动，马上去体验。

这里不是说我讲的都是智慧，而是说，这本书里有智慧，而且其中少说也有 50%，是你几十年生为男人，生为女人，闻所未闻的智慧。

那"中士"呢，指有那么一点智慧，但有些茫然的人。听到"道"的时候，他"若存若亡"，就是将信将疑。他的人生，常常在怀疑当中，常常在"看看再说"当中，常常在迷茫中。他常说的话是："这有用吗？这好用吗？我怎么用了没效果啊？"他更不能持续去用。

"下士闻道"呢，马上就提出批评。"下士"是指那些毫无智慧的人。他们闻到"真理"，闻到"道"，闻到"智慧"，"大笑之"，即大声嘲笑。他们常说的话是："说书吧，天下哪有这样的事？这个世上我什么不懂？我都懂！谁能比我更懂！"结论是，如果他不笑不大笑，这就不叫真理了，这就不叫"道"了。

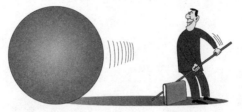

所以在读《做妻子的智慧》的时候，注意一下自己的反应，看看里面哪怕一句话对你有用，你就试着去用。读一本书，能让我们的生活，做正向的一点点改变，就值了。

而我肯定各位读完这本书，一定会在很多方面豁然开朗，大有收获的。

我们学习了这个成语以后，很多人养成了一个习惯；对外在的一切事物，都带着怀疑和纠错的心态。站在一旁说风凉话，或者在人背后说风凉话，还有的几个人凑一起说风凉话。网上每天有大量的纠错人物，纠错成了他们的职业。

第2问　《做妻子的智慧》这本书，
　　　　为什么男人更要看？

陆惠萍：因为男人和女人，永远分不开。人与人之间的互动，多半是指男女之间的互动。因为不懂夫妻间如何互动，所以在互动的过程中，我们自己为自己创造了生命当中很多的困难、挫折和问题，自己给自己惹了很多麻烦。

男人和女人的情绪来源，全在互动的方式和结果上，而男人和女人之间的关系，是最关乎幸福的。关系好，快乐无比，说不出的快乐；关系不好，痛苦不堪，说不出的难受。而关系不好，多半是因为不了解对方造成的。

这本《做妻子的智慧》，男人看了，可以懂女人，可以知道怎么跟女人互动。也就是从此明白，女人她这样做，是有其内在原因的。男人要根据她的特点跟她互动。

男人呢，你暂且放下说太太有多么不好的习惯，暂且放下急着到外面找安慰的习惯，认真读三遍这本书，然后带着男人真正的智慧，从此"闻香识妻子"，从深处品味妻子，和谐共处，享受相濡以沫的夫妻情感。

因为不懂夫妻间如何互动，所以在互动的过程中，我们自己为自己创造了生命当中很多困难、挫折和问题，自己给自己惹了很多麻烦。

第3问　您为什么对女人要求的多？
这样是否公平？

陆惠萍：嗯，因为女人是源头啊，是整个人类的源头。如长江的源头、黄河的源头。你若在源头，扔一个小石子下去，水系的流向就会发生变化，越到下游变化越大。

女人是源头，那么小石子是什么？

小石子就是女人的一个眼神，一个动作，一个表情，一句话。所有这些，都会对家人产生非常大的作用，所以叫源头。

人类的整个状态、发展的方向，就在年轻妈妈们的身上。其实呢，陆老师最心疼的是女人，最不希望女人把自己的生活、情感、关系处理得一塌糊涂。目前在离婚的统计数据上，三分之二以上的离婚案件，是由女人提出。由此更加看出，女人是源头。

也许你可以说，虽然是由女人提出，但是，提出离婚的原因，是因为男人的行为。女人要明白，两个大活人生活在一起几十年，什么事情都可能发生，我们要做的是面对问题和解决问题，而不是用离婚的方式马上割断关系。离婚不是解决问题的方式，情绪还在那里，受伤的感受还在那里。离婚只是一种回避。

如果懂得处理关系，懂得教育孩子，懂得用老公喜欢的方式爱老公的话，那我们整个人类的家庭都会变好，整个社会都会变好。

我自己是女人，我跟女人是家里人，家里人先要求家里人，再要求别人。对于我书中提出的对女人的一些要求，你学了就慢慢开始使用。但不是强迫自己，是选择让自己舒服的方式、愿意的方式，做做看，但不要委屈着去做。

只是提醒一点，不要一做没结果就马上停止，凡事跟看病吃药一样，讲疗程，不妨把三个月作为一疗程。在这三个月中，你也许会有些辛苦，有些耐不住，尽管这样，还是要以三个月为一完整的疗程。

做的过程中，有时候你觉得，这个是女人的本质，是女人应该做到的。男人就没有需要做到的本质吗？男人什么也不用做吗？女人就要做那么多吗？这是抬杠、争高低、争吃亏占便宜的典型表现。女人的情绪尽量不要走到那个位置。

《做妻子的智慧》教大家的，就是两个字——归位。男人归男人的位，女人归女人的位。男人有男人的样子，女人有女人的样子。归位的时候，

女人不要盯着男人，说他还没有归位，他为什么不归位？因为他不归位，所以我也不归位！

女人是中心，你归了位，男人就找到了坐标，就自然而然慢慢地归位了。

你的柔情似水在他面前表现出来了，他的怜香惜玉的能力就表现出来了；你的美丽动人在他面前表现出来了，他的坚强如钢的能力就表现出来了；你的善解人意在他面前表现出来了，他的目标管理能力就表现出来了；你的温柔体贴在他面前表现出来了，他的细心呵护就表现出来了。

不要怀疑，不要等了，先做吧！

也许你可以说，虽然是由女人提出，但是，提出离婚的原因，是因为男人的行为。女人要明白，两个大活人生活在一起几十年，什么事情都可能发生，我们要做的是面对问题和解决问题，而不是用离婚的方式马上割断关系。

第4问　女人如何面对老公出轨?

陆惠萍: 噢, 这是一个从现在来讲, 非常大的课题, 我们这本书里面, 对此讲得很详细。

很多人认为, 男人出轨是身体上的需求, 是肉体上的满足。其实多数情况, 不是。他是在找感觉, 找什么感觉呢? 找征服的感觉, 找"英雄"的感觉。就因为每个男人, 与生俱来的一个特定情节——英雄情节。

而我们女人, 经常用性来惩罚男人。你晚回家, 我就不跟你在一起。经常这样惩罚他的话, 他就去外面找了。因为男人简单, 女人复杂, 男人应付不了复杂。

他要, 你给, 就是简单, 就是你懂事; 他要, 你不给, 还说一大堆不给的原因和理由, 这就是复杂。遇到复杂, 男人就开始躲。因为通常男人口才没有女人好, 他应付不了复杂的争执和纠缠。

老天爷创造人, 在男女特性上早已明确了, 女人永远柔, 男人时柔时刚。老天爷难道不是已经在外在的身体部分已经这样定了吗? 心理和行为都按这个原则走。女人在夫妻相处的时候, 太硬了, 太刚了, 太没有柔情似水的品质了, 所以他就找不到跟女人在性的互动上的那种征服感, 为此他迷惑了, 所以潜意识就带他去另找出路了。

今天, 解决我们的问题, 不要放在表面, 要去看一些深层次的东西。看到深层的东西有时很残酷, 但不要怕残酷, 要勇敢地面对: 拉开一条口子, 把毒瘤拿出来, 把里面清理干净, 缝上口子, 两三个月也就好了。

出轨有很多成因。其一, 男人内心需要的在目前的关系里找不到。其二, 男人在工作上很有力量, 但一到太太面前却一点力量也没有, 他突然看到

做妻子的智慧

234

另一个女人很崇拜他，他在那个女人面前很有力量，于是去了，他在外面找一个，证明自己还有力量。

很多男人，他在外面做了出轨的事情以后，内心往往非常后悔。后悔是因为有罪恶感，不舒服，觉得自己脏。但过后，他在太太那边，得不到征服的感觉，得不到"我是一个真正的顶天立地的男子汉"的感觉，那怎么办，下次又去，不由自主。大脑中想得好好的，不去。但感觉又催着他去，去了以后他又后悔。如此往复，直到习惯成自然。

女人们把这里面的原因先找回自己身上来看一看：我们在两性的互动当中，是不是够柔软，够体贴，够女人味，够让老公迷恋和依赖，够不够让他觉得自己是英雄。

在此，我还特别想跟男人说一句：一个人要为外遇付上多大的代价——你们其实并不知道。如果事先知道，你也许就收敛了自己。

人们更难懂的是，找外遇的男人给女人造成的痛苦，使女人忘记了他们对他们自己造成的痛苦。

如果我们能够知道他们的心将怎样处罚他们的罪恶，女人也许更容易原谅他们。女人只感觉到他们对我们的侵害，看不见他们使自己受到的处罚。他们所获得的好处是表面的，所受的痛苦则是内在的。

老天爷创造人，在男女特性上早已明确了，女人永远柔，男人时柔时刚，老天爷不是已经在外在的身体部分已经这样定了吗？心理和行为都按这个原则走。

第 5 问　夫妻之间出现审美疲劳，怎么办？

陆惠萍：其实，这是一个必然的结果啊。时间久了，自然疲劳，这是大自然的规律。不过，也许你可以把疲劳变成依赖和依靠。

就如在一个城市，有这样一些商铺，有的是面店，有的是服装店，很小，但很好，当地人喜欢去。过了几十年，孩子们出国留学，远离家乡，回来的第一件事就是去吃那里的面条，去逛那间服装店。面店里还是那几样，吃了就满足；服装店里还是那老板的笑脸，还是变化不多的基本款式。店虽然小，虽然旧，俨然成了一个城市的符号和记忆。家庭，人与人，也可以是这样，不用害怕审美疲劳，审美疲劳可以成为依赖和依恋。

在我们谈恋爱的时候，我们觉得好美啊，好幸福啊，沉醉其中。但这不是生活的常态。生活本身，真实生活的本身，是平淡。夫妻结合，就是搭伙过日子。但是你不愿意面对平淡，你只想要轰轰烈烈，所以一旦归于平淡，你就觉得这是不对的，你就觉得生活疲劳、审美疲劳了。

小时候我们看童话故事，白雪公主、灰姑娘之类，每个童话故事，都不可能写完整——灰姑娘遇到了王子，他们挑战世俗，轰轰烈烈，相亲相爱，然后走向婚姻的殿堂，童话就此结束，后面是六个点的省略号。

其实，省略号的那六个点才是真正的开始。他们将面对平淡的生活，每天柴米油盐酱醋茶，灰姑娘脱下婚纱围上围裙，面对一大堆的琐事——做饭、洗碗、洗尿布。这才是真正的开始。

在这样的生活当中，和平地互相关怀，相濡以沫地过日子，才是真正的智慧。

所以，所谓审美疲劳，其实是走向平淡，走向真实，走向生活的常态。

你在谈恋爱、办婚礼的时候，有没有准备好面对这些问题呢？

结婚前，准备婚房，准备家具，准备嫁妆，准备喜糖请柬，准备酒店，准备旅行，有没有准备归于平淡呢？有没有准备归于柴米油盐酱醋茶呢？这是新郎新娘最重要的心理准备。只有做了这样的准备，才可以一起生活。

还有一点很重要，有时我们痛苦，是因为我们认为人生不应该痛苦，痛苦是不对的。多数人面对痛苦的表现经常是，从外在到内在都一个劲儿地大喊"我不要""我不要痛苦""我不喜欢痛苦"。

其实，痛苦是必然的，发脾气也是必然的，它们都是生活的一部分。当下你痛苦，就接受那个痛苦。比如，家里有亲人去世了，你想哭，很痛苦，那就接受你的哭和那个痛苦，然后用你的时间和智慧去慢慢消解。

> 结婚前，准备婚房，准备家具，准备嫁妆，准备喜糖请柬，准备酒店，准备旅行，你们有没有准备归于平淡呢？有没有准备归于柴米油盐酱醋茶呢？这是新郎新娘最重要的心理准备，只有做了这样的心理准备，才可以一起生活。

第6问　如何理解"病是一种提醒"这句话？

陆惠萍：病，是一种提醒。这个说法，大概来自美国的一份医学杂志。这份医学杂志登出来一个结论，说人类疾病的来源，90% 来自于情绪，情绪更是癌症的来源。

在美国，生癌症的人被称作"C 型性格"，因为癌症这个英文单词是 C 开头，也就是"癌症性格"。

"C型性格"的人，有的情绪控制能力不够，容易发火、生气和拍桌子骂人；有的觉得自己怀才不遇，但又刻意忍受、有话不讲，压在肚子里，负面情绪没有走，所以在身体上呈现出来。这类癌症是刻意忍受的"好人病"。

脾气大的人，骂了别人以后，别人生不如死，他却不自知，没有人可以调整他的个性。没有什么东西来调整你了，病会来调整你——告诉你要注意自己的情绪，这就叫"病是一种提醒"。

女性妇科方面的极端病症跟刻意忍受有关，该讲的不讲，或者不能用好的态度去讲，而用抱怨的方式讲，于是双方互生负面情绪，这些负面情绪被身体用病的方式记录了下来。

时代发展后，医学的主攻方向是研究情绪对疾病的影响。科技发达，并没有解决人类的健康问题，似乎人类的健康问题变得越来越多了。

其实，中国的古老智慧，可以解决当下人类的很多健康问题。比如，中国有句老话叫"头痛医脚"，外国人听了很诧异，头痛当然医头，怎么会去医脚呢？

是的，中国人讲究全息学。我在国企工作的时候，有一个下属，头里长了一个瘤，开刀拿掉。过了一年，又长了一个瘤，再开刀拿掉。又过了一年，又长了一个瘤，再一次开刀拿掉。直到第五次长瘤的时候，发现肺上已经出现了，这一次是恶性的。没多久，他就与世长辞了。其实，长瘤的原因在情绪上，在饮食上，以及关系的相处上。不检讨情绪，不改变饮食，不协调关系，就有可能再长瘤。情绪在大脑中反应产生一些物质，随着血液流到身体的各个部位。第一次长瘤，就是明确的提醒。

人的内在状态是一块磁铁，情绪不好吸引的是宇宙的负面能量。所以请你自问，过去几年自己吸引了什么。

我曾听过一位国际心理学大师的课程。他说，一个医生只为病人看病，而不提醒他的情绪、饮食和人际关系，那么这位医生就很容易得病人同样的病。这句话突然让我想起华佗说过的一句话："善医者，先医其心，再医其身。"韩国一部名为《医道》的电视剧上也说："医生要成为心医，才是真正的医生。"

> 一个人的情绪控制能力不够，觉得自己怀才不遇，但又刻意忍受、有话不讲，压在肚子里，负面情绪没有走，所以在身体上呈现出来。

第7问　爱情应该如何保鲜？

陆惠萍：爱情如何保鲜，这是一个大家关心的话题。

我们可以对每天太阳升起又落下这样的景色熟视无睹，觉得理所当然。但是，在家庭中，爱情要保鲜，很简单的做法，就是我们每天面对一个人好好待我们的时候，都要觉得幸福和满足，都要觉得新鲜和感激。这种心态才是爱情保鲜的良方。

他今天待你好，跟昨天待你好，不是一回事，不是理所当然。人们每天都需要被赞美和被鼓励，每天都需要表现出惊讶和喜悦。

你如果觉得所有一切都理所当然，没有表示。你觉得她做晚饭应该，洗衣服应该，理家应该，对你好是应该，那么这个爱情就没有办法保鲜了。

他今天待你好，跟昨天待你好，不是一回事，不是理所当然。人们每天都需要被赞美和被鼓励，每天都需要表现出惊讶和喜悦。

第8问　夫妻俩的关系让我痛苦，我们还要不要在一起？

陆惠萍：是的，我们生命中充满了许多关系，比如朋友、兄妹、同事。但有一个关系给了你最大的满足或最大的痛苦——你跟配偶的关系。这个关系是你的一面镜子，你的弱项会比较多地表现在夫妻之间。人们在其他地方可以压抑，但在夫妻间容易表现，脾气容易发作，因为你们彼此是如此贴近。

"我太太发现了我很多问题，其他人看不见，因为其他人不用跟我生活在一起，不用吃在一起，睡在一起。"

需求和期望是创造我们苦难的原因。比如，一个人伤害你了，你可以马上原谅他吗？你可能会原谅陌生人，而不太可能原谅爱人，而且还容易记仇和不停地翻旧账，因为你们十分熟悉和不分彼此。

痛苦是为了转化，把痛苦转化成一种成长和觉悟，这就是好的夫妻关系。如果不懂得把夫妻关系中的痛苦转化为成长和觉悟，那么分手后，进入另一段关系，结果跟现在是一样的。

长久的关系就是一种对伴侣的生命有意义的关系。在夫妻关系中，痛苦是必然要经历的，但每个人对痛苦的认识不同。把痛苦转化，让痛苦对你的生命产生意义。

好多人对自己的开心有很多很多的限制，而对自己的痛苦却很纵容。长时间让自己掉在痛苦的情绪里，就是对自己的痛苦的纵容。

在痛苦中，你要学会用右手与自己的心脏连接，问自己："发生了什么事情，你失去了你的心吗？"再痛苦也不要丢了自己的心。

另外，我要邀请夫妻双方进入更多的服务，更多地服务他人，你的影响力就会变大。把我们的焦点放在成长上，就是放在服务上，因为除非你成长，不然你无法服务。一个人若不成长，一会儿就被榨干，剩下的只有抱怨，如何去服务？

持续成长才能持续服务。生命的学习，是放下旧有的惯用做法，用心中的爱吸引爱你的人，并建立彼此滋养的关系。

> 痛苦是为了转化，把痛苦转化成一种成长和觉悟，这就是好的夫妻关系。如果不懂得把夫妻关系中的痛苦转化为成长和觉悟，那么分手后，进入另一段关系，结果跟现在是一样的。

第9问　对方的不良习惯和嗜好
影响夫妻关系，怎么办？

陆惠萍：你说的"不良嗜好"，其实是站在你的立场上看的。有时候那个嗜好、那个习惯，对旁人来说，或对他自己来说，不一定是不良嗜好。

一个成年人，不可能被你要求，被你用"对"或"错"来要求，以符合你的标准。有的嗜好，已经成为他的精神支柱。有的人抽烟、喝酒、聊天、看足球，就是他的精神支柱，甚至是他的灵感来源。

太太如果用生硬的方式去纠正它，给它贴个"这是错的"的标签，他不会听，或者他当面听，一转身还是做。太太于是很生气："我是为你好，所以让你纠正。"但我要说的是：他是一个成年人，你说的道理他都懂。

要改变他的习惯和嗜好，办法之一是，先接受，再慢慢地把他的注意力引向别处。这里考验的是你的耐心。

除非他自己想改，否则你怎么讲都没有用。这里需要共同定几条原则。比如抽烟，先规定不能在床上抽；做到了一段时间以后，规定不能在房间里抽；做到了一段时间以后，规定只能在阳台上抽。

不要用训的方式，他比较容易听的方式是哄和撒娇。

> 有的嗜好，已经成为他的精神支柱。有的人抽烟、喝酒、聊天、看足球，已经成为他的精神支柱，甚至是他的灵感来源。

242

第10问　如果我们在生活中无法适应对方的脾气性格，怎么办？

陆惠萍：大多数的离婚案件，离婚双方的理由都说是脾气性格不合。

太太说："我没有办法容忍他的脾气——他的脾气太坏了！"

我问："他是什么时候脾气不好呢？什么事容易让他脾气不好？"

太太说不出来，因为她从来没想过这些问题。请太太们在决定离婚前至少分析一下：老公脾气不好，发生在什么时间？是你碰到他的底线，他才脾气不好，还是被你唠叨得受不了，他才脾气不好。

如果我们期望享受爱情，有一条非常重要——把状态调到"心平气和"。有心情，才有爱情。

这个世界上，大多数人一辈子的功课就是修脾气。阿里巴巴的马云说过，人为多大的事发火，他的心胸就是多大，成功的人的心胸是被委屈撑大的！每一个人都要学习扩大自己的心胸。

他发火，你受不了，你也对他发火，说明你的心胸不够。他发完火了，你按兵不动。他很可能会对你说："啊哟，对不起，老婆。我刚才脾气不好，让你受委屈了。"

如果他发火，你也发火，可以预见的结果就是吵嘴、砸东西、打架、说极端的伤感情的话，甚至闹离婚；他发火，你一个字也不说，就可能换来老公的醒悟和敬重；他发火，你就检讨是自己的错，你就是高手。

他发火的时候，你最好不要跟他讲道理，也不要当场说他脾气不好。那样做，只会让他更烦躁、火更大。对方很难会因为你对他讲道理而改变自己。如果对方可以因为你的一番道理而立即发生改变，这个世界上也许就不存在夫妻之间的矛盾和问题了，人类早就从痛苦中解脱了。

在家里，"正确的废话"少说，只要求自己不要求他人。重点关注家庭氛围和每个人的心情。说话之前，要观察听的人的状态。

处理夫妻关系，不是说这个事情正确，就一定要讲。他的状态和情绪不好，你就不能讲。我们要懂得使用"刹车键"和"停止键"，随时喊"停"，因为讲了那些"正确的废话"会影响情绪，当下不是讲的时候。

在家里，没有多少道理可讲。如果你只讲现象，不讲结论，并具有建设性，还考虑了对方的心情和讲话的氛围，这样说出的话才是正确的。

看见老公心情不好，你看着他的眼睛说："你心情不好就是我的错，就是我的责任！"看看他什么反应。把这句"只要你生气了就是我的错，就是我的责任"当口诀念。

男人抽烟，你说"抽烟有害健康"，他说"不抽烟有害心情"。喝酒抽烟有害健康的道理，三岁小孩子都知道，八十老翁戒不掉。不是戒不掉，是他觉得，朋友更重要，氛围更重要，不让朋友失望更重要。所以，这个就没有道理好讲了。

人生，不是用嘴巴说出来的道理。人生是心态。人生活得美，是指人的感觉美、心态美。

> 处理夫妻关系，不是说这个事情正确，就一定要讲。他的状态和情绪不好的时候，你就不能讲。我们要懂得使用"刹车键"和"停止键"，随时喊"停"。因为讲了那些"正确的废话"会影响情绪，当下不是讲的时候。

第11问　年轻人找对象，要如何选择？

陆惠萍：年轻人如何找对象，现在真的出现了很大误区。先看主要脉络——看一个人是不是优秀，不是看他是不是清华、北大或哈佛、剑桥毕业，要看他干活是不是发疯一样地干，每天是不是笑咪咪地回家。当然，还有一些细节性的东西。

如何选择对象？第一点，看他的人品。

很多人跟我讲，对方跟我谈恋爱的时候，整天给我发短信，跟我讲"我爱你，没有你我活不下去"。讲的人当然这样讲，听的人不能犯糊涂。

刚开始谈恋爱，他可能对你态度不好吗？可能对你不满意吗？可是你怎么去观察这个人呢？

重点是要观察这个人：他跟朋友的关系怎么样？他跟同事的关系怎么样？他跟上级或老板的关系怎么样？他跟家人的关系怎么样？

这些事情，刚开始谈恋爱的时候就要认真对待。他只对你一个人好不算好，特别在恋爱和蜜月期的时候，他的好更不算数。

你常常要问他，你觉得你的上级怎么样？你觉得你这个朋友怎么样？你的家人待你怎么样？他表达的如果都是负面的——"这个上级就是坏蛋，我的朋友整天揩我的油，家人从来不帮我……"对方如果全是这样的负面表达，你就要注意了。

如果他身边没一个好的，他待你好，只有一个可能，那就是他对你有企图，有渴求，有不当目的。

如何选择对象？第二点，看他的生命力状态。

有的人是好人，但是没有动力，生命力不旺盛。你要看他有没有成事儿的决心，有没有豁出去做点事情的决心，有没有想过好日子的决心。有的人，坐在那里半小时就哈欠连天，他的生命力只够维持他的心跳和呼吸，缺乏对世界的好奇心，更别说创造力了。

要找就找生命力旺盛、想去成就一番事业、对什么都有好奇心的，不要找整天对着电脑没完没了玩游戏的。打 100 年游戏，他还是那个样子，而且生命力直线下降。连续坐 3 个小时，生命力下降到什么程度，说出来你可能不相信。

美国人做的一个实验可以说明问题。实验有两个组，一群 60 岁的老人为一组，一群 20 岁的年轻人为一组。让 60 岁的人干什么呢？每天跑步半小时，再加上各种各样的运动和活动。让 20 岁的人干什么呢？一个月躺在床上不动，什么都给他们端到床上，让他们每天对着电脑 5 个小时，除了吃饭和其他生活必需以外，躺着不动。

一个月以后，测他们心、肝、脾、肺、肾的功能，20 岁的年轻人下降到 60 岁的状态，60 岁的老年人上升到 20 岁的状态。仅仅一个月的时间，

双方的年龄和状态倒了一个个儿。

　　如果你关注到 2010 年元旦发生在上海的一则新闻，你一定会跟我一样被吓一跳：上海有一个机构，在 30 年前做了一个调查测试，过了整整 30 年，也就是 2010 年元旦的时候，这个机构再一次做了同样的调查测试。

　　测什么呢？测适婚适龄想生孩子的男人的精子质量。隔了 30 年以后再来测，结果大大出乎人们的意料。第一项，精子的数量；第二项，有效精子的数量；第三项，精子的游动速度。这三项几乎都按照每年 1% 的速度下降，30 年下降了 30%。

　　你长时间坐在那里不动，你身上所有的东西循环很慢，整个身体循环就很慢。你要创造孩子，可是精子游不到那里，没有力气游到与卵子相会的地方，更没有力气砸开卵子坚硬的壳。而精子的数量，因为生活习惯的问题，因为喝碳酸饮料等问题，数量在变少。所以，现在男性不孕率连年提高。

谈恋爱，找对象，要去找生命力旺盛和性能好的，内在的生命活力强的，嫌白天太短晚上太长的。

选择对象，格外注意的第三条是，对人有爱，对世界有爱，爱护生灵万物，有感恩心，而且都发自内心。

补充一条，就像一个企业招到一个厉害的人不算什么，最厉害的是企业会孵化人。其实好老公不是找来的，而是女人自己培养的。女人用智慧，选好种子，孕育男人，孵化男人，成就男人。

> 有的人是好人，但是没有动力，生命力不旺盛。你要看他有没有成事儿的决心，有没有豁出去做点事情的决心，有没有想过好日子的决心。

第12问　看了《做妻子的智慧》这本书，道理都明白，但很难做到，怎么办？

陆惠萍：那就要看你人生的目的了。你的人生目的，到底要把自己带向哪里呢？

你说的，我的人生要很美很丰富，要很有成就。可是，所有朝向美、朝向丰富、朝向成就的，你都做不到。如果是这样的话，没有人可以帮你。

我每天面对的人，从全国各地来，为解脱夫妻间的痛苦而来，我们帮她"开药方"。可是，有人说那些药方上开的药，自己喝不下，因为那些药不甜还很苦，不想喝。这样的话，哪怕神仙在此，他们也只能摊开双手，摇摇头，无奈地说一句"我已经尽力了"。

就好像你这趟旅程，要去北京，但是你买的是去上海的机票。你的思想，你的行动，都朝着相反的方向，与你的目标只能越来越远。

你觉得陆老师说的这些办法，可以让我们达到目标，那就把你的意愿再加强一点，意愿强烈了，你自然而然会去做。

你每天高喊，我要身体健康，我要家庭幸福，我要事业有成。你是真的要吗？真的要的话，方法就会出现；真的要的话，贵人就会出现；真的要的话，做什么都会逢凶化吉，如有神助。

什么力量能比意愿的力量更大呢！

送你一副对联吧，请人帮你写好，挂在家里：

天地虽大不育无根之草，佛陀慈悲不度无缘之人。

佛度有缘人，你要有行动的意愿，不要等到事情已经乱七八糟、一塌糊涂、不可收拾了，你再回过来觉得"啊呀，其实我让自己受点委屈也没关系啊，我不要现在这个结果。早知道这样的结果，我怎么都要要求我自己朝对的地方走啊……"

遍体鳞伤、难以修复的时候，就太晚了。

> 你说的，我的人生要很美很丰富，要很有成就。可是，所有朝向美、朝向丰富、朝向成就的，你都做不到。如果是这样的话，没有人可以帮你。

第13问　做到了您所讲的，
　　　　　我就感觉委屈了自己，该怎么调整？

陆惠萍：感觉"委屈"，代表你心里的"我"字太大了。

"我"什么时候到达"我们"，你就不委屈了。你不是一个人，所以应该习惯用"我们"来考量。

衡量一下，我不让自己委屈，结果好不好？再衡量一下，我让自己受点委屈，结果好不好？

试着用委屈的方法做做看，开始觉得委屈，用三个月、六个月的时间去试。我不管自己委屈不委屈，现在先照这个方法做。最后你得到的结果是，老公不让你委屈，你做的每一件事情，无论大的小的，他都看在眼里，记在心里。

开始他认为你这样做是有目的的，他不相信你能这样做，所以他视而不见。后来他被你融化了，他便开始认可，打心眼里喜欢，他没说出来，但他已经在他的好朋友面前夸你。

如果你持续委屈着做，他开始安慰你、支持你。世上没有让你一直委屈着、始终看不见你真心的老公。如果你带着怨去做，效果当然不一样，自然不会有你期望的结果。

女人常常不想委屈自己，不想吃亏，而最后却吃了意想不到的大亏。

三个月，委屈着去做，坚持这样做：第一个月他没看见，第二个月他不相信，第三个月他觉得自己不改变或不为太太而改变，他就不是男人。

不过，我先问一句，你确认你的老公的心是肉做的吧？如果你能确认的话，那就宁愿受点委屈也去做，结果肯定错不了。

有人味的女人就是女神，女人天生是观音。男人会发自内心地崇拜有慈悲心的女人。

249

开始他认为你这样做是有目的的，他不相信你能这样做，所以他视而不见。后来他被你融化了，他便开始认可，打心眼里喜欢，他没说出来，但已经在他的好朋友面前夸你。

第 14 问　您最想跟女人说的一句话是什么？

陆惠萍：《女人的智慧》的光盘中，《做妻子的智慧》的书中，我跟女人说了很多话，说了几十小时的话，几十万字的话，信息量很大，知识点很多，其中的智慧够你用一辈子。但我最想跟女人说的，总结成一句话，那就是："你要做一个懂事的女人。"

嫁入豪门，做个懂事的女人，就是不要卖弄漂亮，不要由着自己的习性。你想想，豪门里的一切，都是婆婆公公创造的，我嫁进来，能为豪门做什么？能为豪门贡献什么？嫁入豪门，不是让我来贡献花钱的能力的。尊重财富、尊重人，并迅速去找出豪门的缺失或空白，并尽自己所能去填补。

嫁入贫门，做个懂事的女人，就是心里要明白，一切都是人创造的，不怨天，不怨地，不怨嫁错，与老公白手起家，共同创业。付出辛苦的同时，感觉很美，有成就感和幸福感。迅速找一行去开创并坚守，20 年后，你就由平民变成了豪门。

所以，一句话，女人要懂事。你懂事，你的做法就不一样。你就不会那么情绪化，也就不会不尊重别人创造的东西。这就是"懂事的态度"。

用习性做事，说生气就生气，说不理人就不理人，说离婚就离婚，不管别人怎么想，这叫不懂事。

女人一懂事，上帝笑了！

做妻子的智慧

250

嫁入贫门，做个懂事的女人，就是心里要明白，一切都是人创造的，不怨天，不怨地，不怨嫁错，与老公白手起家，共同创业。付出辛苦的同时，感觉很美，有成就感和幸福感。迅速找一行去开创并坚守，20 年后，你就由平民变成了豪门。

第15问　夫妻没有足够的时间在一起，怎么办？

陆惠萍：时间并不很重要，最重要的是心在一起。

你可以去做一个社会调查，是整天生活在一起的夫妻离婚率高呢，还是整天不在一起生活的夫妻离婚率高。

有的夫妻天天在一起，但是关系总在权力斗争期和死亡期。在权力斗争期的话，在一起就吵架；在死亡期的话，在一起就是冷战，比不在一起还糟。

人在一起，不是时间的问题，是在一起的质量的问题。两个人不在一起，只要懂得经营，通一个电话都很美，不会因为不在一起，彼此的关系就断了。

不在一起，就期待在一起，就去创造在一起，积极主动地去看他。在一起的夫妻，有整天打架的，不在一起有整天思念的。思念，如同酒，越久越醇。有距离就有思念，思念是两性关系中浪漫温暖的元素。

不在一起，互不关心，如同陌路人，这是态度的问题，不是距离的问题。我的同龄人，都看过一部日本电影《生死恋》，双方每天写封信，等着相见。

很美很美的事，是翻山越岭，乘飞机坐火车才能见到他，那才叫浓情蜜意。

不在一起，不一定是感情生活的障碍；只要彼此心连着心，心里装着对方，彼此相隔万里也有感觉，真正的连接就不会断。你如果看过《水知道答案》这本书，你就知道我在说什么。

你可以去做一个社会调查，是整天生活在一起的夫妻离婚率高呢，还是整天不在一起生活的夫妻的离婚率高。

第16问　男人如何选太太？

陆惠萍：每个人每时每刻都在显明着自己。选太太，要看她所结交的朋友，看她说话的样子，看她如何安排休闲时间，看她如何花钱，看她的穿着打扮，看她承受重担时的态度，看她觉得好笑的事，看她所听的歌曲，看她走路的样子，看她喜爱谈论的事物，看她面对失败的方式，看她吃东西的样子，看她书柜里摆的书。

一个女人长的漂亮，心性没开化会怎样？大风后，有些树倒了，因为根太浅。上述的点点滴滴，就能够显示出她是一个什么样的人。你懂得看这些，也显示出你是什么样的一个人。

一个女人长得漂亮，心性没开化会怎样？大风后，有些树倒了，因为根太浅。上述的点点滴滴，就能够显示出她是一个什么样的人。你懂得看这些，也显示出你是什么样的一个人。

第 17 问　关于婚姻，我们还应该懂得一些什么？

陆惠萍：关于婚姻，你要懂得的事情还有很多。接下来，建议你用一些时间，好好读几遍《做妻子的智慧》。最好将它放在床头，时常翻一翻。最好跟光盘《女人的智慧》一起看。通过听和看，更能最快记住并掌握。

现在，我希望你当下学习观察自己的婚姻状态。婚姻有以下五个阶段或者说五个层面：

第一，正处于理想的婚姻状态，很亲密，不吵，有热情。

第二，少一点什么，比如热情、兴奋少了些，感情平淡了。

第三，没有爱，没有连接，只是为了方便，因为分开太麻烦。彼此之间没什么来往，变成室友。

第四，计划逃脱，一旦怎么怎么，就马上分手。比如，找到一个更配的人，就马上离开；比如，小孩一毕业，就马上离开，或者孩子一考上大学，我就离开等等。

第五，离婚分居了。

想想你在哪一阶段，你的先生处在哪一阶段，你是否想让彼此的关系更好。无论你在哪一个阶段，婚姻走向哪里的方向盘都握在你的手上。请先确定自己的位置，然后分析你们夫妻两个之所以处在这个位置的原因。

评估一下你目前的婚姻关系，你必须要学到什么？才能帮助你们的关系进入更高阶段？

第18问　一方爱另一方，另一方不爱怎么办？

陆惠萍：关系是两个人之间的事情，不是一个人。现在这种情况是单方，不构成关系。

年轻时，几乎人人都经历过暗恋和单恋，有的人说出来，有的人没有说出来。暗恋是美好的，单恋也是美好的，永远不说出来也是美好的。

所以，可以保留着记忆离开，这样的话，记忆就是你自己的。一片记

忆回忆一生，这也是一种美丽。

> 年轻时，几乎人人都经历过暗恋和单恋，有的人说出来，有的人没有说出来。暗恋是美好的，单恋也是美好的，永远不说出来也是美好的。

第19问　有人说，女人经营家庭要懂一点风水，是这样吗？

陆惠萍：哈哈，这个问题很有意思。所谓风水，就像以前我们用的收音机，收听一个电台，要如何能听得清晰？要把收音机不断地换方向，360度转过来，有一个位置是听得最清晰的，这就是风水好的位置。其他事物也一样。

在一个家庭里，人是最主要的风水。

要让家里风水好起来，第一是减少家里的残破相，第二是让自己的脸上挂上笑容，第三是把家庭氛围调整到轻松快乐。

家里人正能量足、负能量少就是风水好。如果一家人老是拉长个脸，说话都没好气，饭桌上的气氛都僵僵的，家里风水就不好。特别是女主人，你的表情是你们家影响力最大的风水。

> 家里人正能量足、负能量少就是风水好。如果一家人老是拉长个脸，说话都没好气，饭桌上的气氛都僵僵的，家里风水就不好。特别是女主人，你的表情是你们家最大的风水。

第 20 问　请问什么是真正的爱？

陆惠萍：真正的爱不是手牵手，而是心连心。不用去费力寻找爱的真谛，直接表现爱就行了。

做企业，就造福企业员工；做培训，就用我们的智慧让人们生活得更美好；做政府领导，就造福一方百姓；结婚，就造福另一半。

爱是天堂花园中最灿烂的一朵花。真正的爱没有圆满的结局，因为真爱永远不会结束。

有人说，成功成佛需要读万卷书、行万里路、阅人无数和名师指路。而我说，成功和成佛，只需要你直接做佛做的事就行，即帮助人们就行了。只要开口就说对人有帮助的话，造福别人，不论大小。

真正的爱更表现在，夫妻双方互相成就对方。然后手拉着手再去成就别人。世间的爱，这便是最高境界。

> 真正的爱更表现在，夫妻双方互相成就对方。然后手拉着手再去成就别人。世间的爱，这便是最高境界。

第 21 问　您觉得我们现在的社会最缺乏什么？

陆惠萍：曾经有个印度人被问到："印度最缺乏什么？"他的回答是："慈祥的祖母。"这个简单的回答，实在发人深省。他接着解释说："年长的女性在社会中扮演非常重要的角色，只有当你看见在社会中几乎完全没有这样的女性时，才能明白这个角色到底有多重要。"

和蔼慈祥的祖母，很自然地成为年轻女性的指导。经过岁月的打磨，年长的女性已学会了安静、怜悯和了解。因此，她们在社区生活中扮演着重要的角色，特别是在自己的家庭和家族中。

社会最缺优秀的女人。

女人在社会中是最重要的角色。女人是孕育世界的人，女人只有达到无我的状态，才能孕育世界。孕育就是安静地接受过程，接受一个生命在自己生命里诞生的过程。女人要展现平稳的个性，女人不动就能征服男人。女人可以轻易地做到，所到之处慈悲为怀，到哪里就把哪里照亮——把老公的心照亮，把孩子的心照亮，把家庭照亮，把员工照亮，把朋友照亮。

女人以德服人，爱是能量，爱是灵魂。从外往内，由内往外，从现在做起，去雕塑自己的能量。

女人先雕塑自己的生命，用别人的一个不友好的眼神、一个鄙视的动作、一句刻薄的话来雕塑自己——雕塑自己生命的能量。

请不要等到做祖母的时候才去雕塑自己、照亮别人，你现在就可以行动！

"夫感者，师其物也；觉者，师其心也；悟者，师其性也。"穿越这三境，女人就可以成为大家，成为人类的祖母。

> 女人在社会中是最重要的角色。女人是孕育世界的人，但是女人只有达到无我的状态，才能孕育世界。孕育就是安静地接受过程，接受一个生命在自己生命里诞生的过程。

第 22 问　您对"成功"的定义，有何高见？

陆惠萍："成功"这两个字，很多人给它下过定义。其中我喜欢的一个定义是："每一天，每一方面，我都越来越好！"做到这，就是成功。

我也很喜欢这条定义："今天比昨天更懂得爱，今天比昨天更慈悲，今天比昨天更付出，今天比昨天更努力。"做到这，就是成功。

以前我还认为，自己在"读万卷书，行万里路，阅人无数，名师指路"的过程中，就已经成功。

现在，我更愿意使用某一年《财富》杂志封面人物年终的讨论结果，作为自己成功的标志和努力的方向。

这里的成功有五个标志：

第一，成功就是"长寿"。

你把你的身体料理好，是成功的标志。疾病是因为你把你的身体料理得不够好，对身体的经营不够好。长寿是对生命的尊重，你如果长寿，就可以有更多的时间贡献社会。这是成功的一个方面。

第二，成功就是"具有顶级的品格"。

什么叫做顶级的品格？它是指你为人处事的态度。面对一件事情，你的态度是："噢，这个事情啊，你叫我帮忙啊，等我有空了再说吧。"这样做，已经不叫顶级的品格。

"好的，我知道了。我现在没有时间，我们另约在后天下午一点，我来帮你，好吗？"没有时间，当下确定另一个时间，就属于顶级的品格。任何时候，你的人生经得起别人查验，就叫顶级的品格。

品格的建立，需要时间。目前，全世界的危机是品格危机。民族和国家间的彼此不信任是很大的浪费，全世界为此付出了共同的代价。我们坚持和追求顶级的品格，就是向光明前进。

第三，成功就是"培育和谐的家庭"。

你的意愿、方向和努力，是培养家庭的快乐和幸福。离婚不是失败，离婚可以是你走在培育和谐家庭的路上。重新选择是为了选择幸福，离婚可以是努力经营家庭的其中一部分。

愿望是培育幸福的家庭，为此克服一些不良情绪和习性，这就代表你在经营和培育家庭。

第四，成功就是"在自己的领域里面，做得越来越好"。

你现在正在从事什么领域的工作？我本人做的是教育培训，我要每日精进，做得一年比一年好，受众更多，课程讲得更好，更富有智慧。这就叫"在自己的领域里面，做得越来越好"。

如果你是做装潢的，你把装潢做得越来越好，越来越关注细节，客户越来越满意。跟发达国家的装潢水平，一步步靠近，或者现在就可以拿出来与人家比高下。这就是在自己的领域里面，做得越来越好。

第五，成功就是"培育成功者"。

这一条，我相信会让大家激动：你来到这个世界，不是简单地来，无声无息地走，你已经培育了很多成功者。

每一个女人，都有机会成为"培育成功者"的人，培育老公成功，培育孩子成功。

所以，比尔·盖茨伟大，不是因为他自己成为亿万富翁、世界首富，而是因为他每年能够创造 100 个收入在 100 万美元以上的成功者。这是他成功的最重要的标志。

换句话说，你生命的意义和目标，就是不仅自己吃饱喝足，还要让更多的人吃饱喝足，让他们也衣锦还乡，进而富强国家和民族。

品格的建立，需要时间。目前，全世界的危机是品格危机。民族和国家间的彼此不信任是很大的浪费，全世界为此付出了共同的代价。我们坚持和追求顶级的品格，就是向光明前进。

第 23 问　您经常说的一句话是
　　　　　　"成为生命的好学生"，是吗？

陆惠萍：是的。人活着，就要成为生命的好学生。希望你能成为生命的好学生，我们大家都能成为生命的好学生。人生在世，不可能没有烦恼，看了《做妻子的智慧》，不会从此没有了烦恼，但是它可以帮助你在烦恼发生的时候，有所觉察并设法修正。人类最高的生命状态，就是自己能够觉察自己的生命状态。

你发火，发到自己昏头了，那你没法修正自己。在发火的时候，你对自己做的是有觉察的。有所觉察就能有所收敛，就不至于造成太大的破坏性。发生问题了，寻求解决方法，知道认错，知道转弯，知道去看什么是重点，你的生命就到达比较高的状态了。

每一个人都可以成为生命的好学生，特别是女人。你的所作所为，每天都可以影响一打人的生命。生命最棒的状态，是你让人们明白：每一个人活着，可以成为别人的方向和榜样。那是多么美好的事情啊！

如果，你要想痛苦，那你就天天想自己；如果，你要快乐，那你就天天想别人。你天天想着怎么帮别人，你就肯定拥有快乐的人生。你天天想自己——我被激怒了，我愤怒了，他没照顾好我……那你的人生主题除了痛苦，没有其他了。

你也许是在有意无意间读了《做妻子的智慧》，然后当你出现在人们面前，或靠近人们的时候，人们对你的为人，对你的一切，都听得到、闻得到、感觉得到。大家觉得，你就是大家想要成为的那个人。

所以每一个人，都可以活得大气开阔一点，不要陷落在自己的小情小绪、小世界里。

你配得上过很好的生活，你配得上过更好的生活。

> 每一个人都可以成为生命的好学生，特别是女人。你的所作所为，每天可以影响一打人的生命。生命最棒的状态，是你让大家知道：每一个人活着，可以成为别人的方向和榜样。那是多么美好的事情啊！

后　记

在这本书稿完成之际，因为约了咨询沟通的事项，我接了一通电话，听到一个素不相识的女人用了半个多小时的时间，咆哮着数落自己丈夫的不是。听上去，这个女人的丈夫似乎是个牛鬼蛇神般的人物。

一个男人，结婚后十多年跟太太、女儿、丈人、丈母娘、小姨子生活在一起，太太是全职太太，所有生活来源由老公负责。太太因为丈夫对自己的父母和小姨子的一些不周到，发展到争吵、分居、对簿公堂，然后以房东的名义，停掉丈夫公司的水电气……

打完电话，我陷落到一种深深的悲凉。以我做夫妻关系心理咨询的经验，我知道，她的丈夫，是完全没有能力处理好共同生活在一起的这一堆人的关系的。他不懂如何处理，不知道什么引起了家人的不满，不知道如何修复，更不知道修复后该怎么做，甚至完全不知道这一切是怎么发生的。

曾经看过一段舞蹈，一个男性舞者，一个勇者，从生命开始起，从胚胎，到降生，到成长，到做事业，都用身体的张力去表达他在人世间的努力奋斗、全力以赴。这时，一个女性舞者上台了，慢慢地、轻柔地、优美地舞着，并不时用手去触碰男性舞者。每一次的触碰，都让男性舞者颤栗，渐渐地，他感觉到了，那个让自己颤栗的、温柔的、美丽的存在，就是自己的家园，自己的归宿，自己的两根肋骨就在她的身上，找到她自己才完整。于是，他毅然回过头来，走向女人，舞在一起，一直舞到相濡以沫，完全融合，然后渐渐归于平静。这一段十年前看过的舞蹈，曾经让当时在场的150个女人，明白了夫妻相处之道。

今天，当你即将把这本《做妻子的智慧》看完之际。我想问，你对生命是不是多了一些神圣感和敬畏感，是不是在接下来的日子里，愿意虔诚地对待你生命的每一段历程——虔诚地对待每天的日子，虔诚地对待老公，虔诚地对待孩子，虔诚地对待身边的人、事、物。

日子过得充实，是因为对过日子充满虔诚。

生活中，总是不断有问题发生。问题是来告诉我们，我们的思维意识过时了，大脑和心灵中的软件过时了。趁着问题的到来，把那些以前是对的，而现在过时了的思想、观念、做法更新一下。

爱唯一要去的地方就是，相爱的两个人，共同去爱家人，去爱朋友，共同成就家人，成就朋友。

生为女人，这一辈子，就让我们活成真正女人的样子。女人的样子是什么样子？就是跟男人不同的样子，就是男人无法做，也做不到的样子。

在此，如果你愿意，请跟我作以下承诺：

第一，宽广地活，在大处活，活得更大一点，有质量地度过人生；

第二，打造一种让老公、孩子向上向善的家庭文化；

第三，爱上读书学习，透过读书学习宽阔胸怀、提升气质；

第四，多一点爱和慈悲，让自己每天拥有好的心境。

……

陆惠萍

2012 年 8 月 30 日

于江苏常州心领域书斋